Osprey Aircraft of the Aces

French Aces of World War 2

Barry Ketley

Osprey Aircraft of the Aces

オスプレイ軍用機シリーズ
23

[著者]
バリー・ケトリー
[訳者]
柄澤英一郎

大日本絵画

カバー・イラスト/イアン・ワイリー　フィギュア・イラスト/マイク・チャペル
カラー塗装図/マーク・ロルフ　スケール図面/マーク・ロルフ

カバー・イラスト解説

本書のために描きおろされたこのイラストは、1941年9月29日、ヴィシー・フランス空軍GC I /4のジョルジュ・ルマール曹長が、ジブラルタル基地から飛び立ったイギリス空軍第204飛行隊のショート・サンダーランド飛行艇(KG-C、N9044)を、セネガル沖で邀撃した光景を示している。ダカール=ウーカム基地駐在のルマールはこのとき、カーチス・ホーク「9」、s/n 295に搭乗していた。サンダーランドはルマールの射弾を受けて1基のエンジンが停止したが、「空飛ぶヤマアラシ」の異名に恥じない、その強力な防御銃火で応戦したため、ルマールは止むなく追撃を打ち切り、双方とも無事にそれぞれの基地に帰還した。

当時、ルマールのスコアは、ほぼ1年前にダカール沖で撃墜したソードフィッシュ1機を含めて4機(公認)だったが、のち「ノルマンディ・ニエメン」部隊に所属中の1944年10月20日、1機のFw190を撃墜して、ようやくエースの座につき、その後、1945年3月27日までに、さらに8機のドイツ戦闘機をスコアに加えた。大戦終了後は民間航空に転じ、1948年1月26日、ブロック161型4発旅客機の墜落事故で死亡した。30歳だった。

凡例

■フランス空軍(Armée de l'Air)の部隊名は、第二次大戦開戦前は大隊(Groupe)の種別および番号と、その所属連隊(Escadre)が並んで略記された。その意味は次の通り。
GC (Groupe de Chasse)→戦闘機大隊(例：GC II /4→第4連隊第 II 戦闘機大隊)
GB (Groupe de Bombardement)→爆撃機大隊
GR (Groupe de Reconnaissance)→偵察機大隊
開戦後、Escadreは解体され、各Groupeも配置転換の上、航空団(Groupement)に再組織されたが、Groupeの部隊名は以前のものをそのまま使った。従って、「/」に続く数字は必ずしも所属する航空団を示さなくなり、また各Groupeも航空団を結成せずに単独で運用されたことが多かった。このように、開戦後の部隊名については実際上「翻訳」が不可能なため、本書では原則として略記のままとした。また各Groupeは2個のEscadrille(飛行隊)から構成されていた。
■このほか各国の主な組織については、以下のような訳語を与えた。必要に応じて略記を用いた。
ドイツ空軍(Luftwaffe)
Jagdgeschwader (JGと略称)→戦闘航空団(例：I ./JG53→第53戦闘航空団第 I 飛行隊)
Zerstörergeschwader (ZGと略称)→駆逐航空団
イギリス空軍(RAF=Royal Air Force)
Group→集団、Squadron→飛行隊
アメリカ陸軍航空隊(USAAF=United States Army Air Force)
Air force→航空軍、Group→航空群、Squadron→飛行隊
アメリカ海軍
Fighting Squadron (VFと略称)→戦闘飛行隊
■訳者注、日本語版編集部注は[　]内に記した。

訳者覚え書き

フランス空軍の撃墜算定方式は他国と違い、協同撃墜を当事者の頭数で割ることをせず、1機まるごと各人の個人スコアに算入した。従って他国のエースとの単純な数字の比較は必ずしも意味をもたないことに注意する必要がある。

人名表記については、フランス全国定期航空路操縦士協会機関誌『Icare』編集長をつとめる戦史研究者、フランソワ・リュード(François Rude)氏の発音により確認した。また「Normandie-Niémen」の後半を訳者は従来「ニエマン」と表記してきたが、「ニエメン」がより原音に近いため、訂正した。地名の表記は主として The Columbia Lippincott Gazetteer of the World (1966)によった。

翻訳にあたっては「Osprey Aircraft of the Aces 28 French Aces of World War 2」の1999年に刊行された初版を底本としました。[編集部]

目次 contents

6	1章	「電撃戦」への前奏曲 prelude to blitzkrieg
12	2章	「まやかしの戦争」 drôle de guerre
17	3章	苦しみに向かって into the torment
20	4章	「電撃戦」 blitzkrieg
30	5章	同じ旗の下の敵味方 two sides with the same flag
45	6章	イギリス空軍に所属して with the RAF
64	7章	ソビエトの空 in soviet skies
71	8章	エースたち・その戦果 aces and victories

93 付録
appendices
93　フランス空軍エース一覧
94　使用機と装備品
95　組織と戦術

49 カラー塗装図
colour plates
98　カラー塗装図 解説

59 乗員の軍装
figure plates
101　乗員の軍装 解説

chapter 1
「電撃戦」への前奏曲
prelude to blitzkrieg

　1940年6月、フランスはドイツと休戦した[実質はフランスの降伏]。そこに至るまでには、さまざまな出来事があった。それらを理解していないと、やがてフランスの戦闘機パイロットたちが、彼らの同盟国——イギリスとアメリカ——ばかりか、みずからの同胞に対してまで戦端を開くことになった事情を理解するのは難しい。従って、以下に、そのときまでにフランスが採ってきた軍事行動や政治状況について、概観しておくことにする。

　第一次世界大戦[1914～1918]が終結した時点で、フランスの陸軍と空軍力は、たぶん世界で最も強力であり、装備機材も最も優れていた。1870年の普仏戦争でプロシアに敗北した恥辱をそそいで意気があがり、また大戦で150万人近い死者を出した嘆きは深く、報復心に燃えるフランスは、敗れたドイツに対して、とうてい寛大な気分になれなかった。その結果として生まれたのがヴェルサイユ条約で、ドイツに苛酷な罰を課すものだった。これらの罰はドイツ人を深く憤らせ、やがて1939年に、はるかに大規模な戦乱[第二次世界大戦]を勃発させる遠因となる。

　「あらゆる戦争をなくすための戦争」[第一次大戦を連合国はこう呼んだ]に勝利を収めたヨーロッパ諸国の軍事当局者たちは、1920年代から1930年代を通じて、彼ら自身の存在意義となる役割を見つけようと努力した。イギリスでは、これは英空軍の「治安維持」目的への運用となって現れたが、大英帝国

「まやかしの戦争」中、イギリス空軍前進攻撃部隊(AASF)第88飛行隊のフェアリー・バトル軽爆が、GC I/5のカーチス・ホークに掩護されて「フランス某地上空」を飛んでいる宣伝用写真。現実には、こうした英仏協同の作戦飛行は「フランスの戦い」の期間中はごくまれにしか実現しなかった。

フランス空軍で戦ったチェコ人操縦士ふたり、トマーシュ・ヴィビラル（左）とヨゼフ・ドゥダ。ヴィビラルは「フランスの戦い」でGC I/5に所属し、カーチス・ホークを駆って、1カ月足らずのあいだに7機の公認撃墜を果たした。のちにイギリスに逃れてイギリス空軍に参加し、1943年1月には第312飛行隊長となった。ドゥダはGC II/5で1機の勝利をあげた。ヴィビラルがチェコ・フランス両方の操縦士記章を着用していることに注目。

1939年〜1940年にかけて、フランス戦闘機部隊の主力を占めていたモラヌ＝ソルニエMS.406。複雑な高圧空気作動システムを使いすぎた結果、1発の弾丸が命中しただけでも動かなくなることのある飛行機だった。

のなかの往々にして反抗的な住民たちを統制するためには、そうすることが必要と考えられたのだった。また新しい戦争の形態、とりわけ機甲部隊が加わった戦いに関する、いくつかの独創的な考え方も現れた。

だがフランスでは、政情不安と緊縮財政が続いたことから、軍事思想は停滞していた。なお悪いことに、1914年から18年にかけて莫大な数の人命を失った記憶が「引きこもり」思考を生み、その結果、フランス＝ドイツ国境に沿って、巨費を投じて建設されたのが「マジノ線」として知られる一連の防御要塞だった［マジノは1930年、仏独国境の要塞化に関する法案を作成した当時のフランス陸相の名］。軍事予算の大部分がこのために使われ、新しい兵器の開発と配備、とりわけ航空機のそれを停滞させることになった。こうして、フランスの軍事当局者（その上級指揮官たちの多くは退役年齢をとうに過ぎていた）が要塞のうしろで身をかがめている間、彼らはみずからの空軍——Armée de l'Air——についての首尾一貫した運用理論を編み出すことができなかったばかりか、本質的には第一次世界大戦をもう一度繰り返すことしか計画していなかった。

1933年4月1日（月日はイギリス空軍の誕生日と同じ）、Aéronautique Militaire（陸軍飛行隊）はArmée de l'Air（空軍）として、フランス軍内の独立した軍となった。それまでの陸軍飛行隊とフランス陸軍の関係は、イギリスの旧陸軍航空隊（RFC）とイギリス陸軍の間のそれと同様のものだった。

空軍参謀本部は軍が衰弱状態に陥っていることを認識し、ただちに、その飛行隊を装備しなおし、ふたたび活力を取り戻させるための一連の計画研究を開始した。だが、この作業は政治的、また経済的配慮によって甚だしく妨げられることになった。

空軍に対するこのような施策のもたらした結果は、1937年に至って、誰の目にも明らかになりつつあった。飛行機は機数こそかなり多かったものの、大部分は時代遅れの代物だった。極左派と極右派の間の政治的闘争を反映して、政権は成立してはまた倒れるありさまで、軍事的な方針にも機材の調達にも、一貫性というものが存在しなかった。さらに、フランスの工業生産力も政治的な不安定のせいで、ひどく弱体化していた。その最悪の見本が、まずいやり方で行われた航空機産業の部分的国有化で、1936年夏に始まった（ヒットラーがラインラントをふた

たび占領したことで、その意図を初めて明らかにした、まさに同じときだった）。
　1930年代末期になり、きわめて有能な航空相が何人か続いて出て、懸命の努力をしたものの、こうした背景の前には、事態はそれほど改善されなかった。実際の話、飛行隊に真に近代的と呼べる飛行機が配備されはじめたのは、1940年の夏になってのことだった。
　1937年1月1日、フランス空軍は戦闘機795機を保有し、そのうちのわずか278機だけが「近代型」と見なされていたが、これらも本質的には固定脚のドヴォアチヌD.500の発展型だった。1933年に始まった、さまざまの計画研究は1938年に至って「第Ⅴ次計画」として結実した。この計画によれば、空軍は1373機の新世代型戦闘機を受領することになっていた。その内訳は以下の通りであった。

```
  16  モラヌ=ソルニエMS.405
1045  モラヌ=ソルニエMS.406
  25  ブロック150
 287  ポテーズ630/631複座戦闘機
```

GCⅢ/6のMS.406 No169（軍登録番号N489）が演じた壮大な「案内塔」。1939年9月26日、シャルトルで撮影。操縦士のグロドマンシュ軍曹は無事だった。当時の飛行場は草地で、その多くは第一次大戦中とほとんど変わっていなかったため、この種の着陸事故は珍しくなかった。

　これは野心的な計画ではあったが、非能率と産業的不安に満ち、さらには時々、計画的なサボタージュすら起きていたフランスの航空機工業の能力を超えたものであることが、すぐに認識された。1938年3月の時点で340機の飛行機が不足し、一方ナチスドイツはますます好戦的な行動に出ていたことから、こうした状況は早急に是正する必要があった。対策として、大量の外国製飛行機、主としてアメリカ製機を極秘のうちに発注することになった。こうして1938年4月には、「第Ⅴ次計画」で必要とされる戦闘機（総計2303機）は次のように修正された。

```
1061  モラヌ=ソルニエ
      MS.405/406
 432  ブロック151/152
 200  カーチス・ホーク75
 120  コードロン=ルノー714
 200  ドヴォアチヌD.520
 290  ポテーズ630/631
      （双発・複座）
```

　空軍の装備機材が慢性的な不足に陥っていた大きな理由のひとつに、第一次大戦の戦闘機エースで新しく空軍参謀総長となったジ

左頁上●GCⅡ/7のドニ・ポンタンス准尉が乗機、MS.406の前でポーズをとる。機体は特異な形のブロンザヴィア集合排気管を備えた初期生産型である。ポンタンスは「フランスの戦い」で公認撃墜5機、不確実1機のスコアをあげたのち重傷を負い、以後はレジスタンスで働いて終戦を迎えた。

ヨゼフ・ヴィユマン少将が、年長者である陸軍総監ガムラン大将に頭が上がらないことがあった。伝統的陸軍主兵主義者であったガムランは、国防予算の最大部分を陸軍に確保させていた。

長期的に見れば、空軍力に対するガムランの徹底して保守的な考え方に、無気力なヴィユマンが異を唱えなかったことは、より重大で不吉な前兆だった。陸軍と空軍の協力はきわめて重要な問題で、ドイツ国防軍ではよく研究され、1940年には圧倒的な成果を収めたのだが[ドイツ軍の低地3国およびフランスに対する「電撃戦」を指す]、フランスではほぼ無視されていた。実のところ、公式のフランス陸軍教本は地上の敵軍を攻撃する主な役割を砲兵に与えており、ただ密集した部隊だけが空軍の目標にふさわしいと考えられていた。その教本はさらに「空軍が攻撃を開始するイニシアチブは、彼らの指揮官たちに任せておくのがよい」とも述べていた。1940年の夏、フランスがドイツ軍機甲部隊に対して有効な反撃を事実上できずに終わったことは、ほとんど驚きに値しない。

1938年9月、ミュンヘン危機が起こり、チェコスロヴァキアは国土を分割された[この年3月にオーストリアを併合したドイツは、次には武力を背景にチェコスロヴァキアのズデーテン地方割譲をも要求した。この時期の開戦を避けたかった英・仏は9月29日、ミュンヘンでドイツ(およびイタリア)と巨頭会談を開き、ドイツの要求を受け入れ、チェコにそれを認めさせた]。戦争へと向かう足取りが早まった。問題は、もはや避けられなくなった戦争が起きる前に、フランスの航空機工業が必要なだけの装備機材を供給できるかどうかだった。

ブロック152 No8を上から見たところ。あまり特徴のないフランス式の迷彩塗装がよくわかる。ブロックは1940年春にはちょうど多数が実戦配備されつつあり、強力な火器を備えていたが、結果は期待を裏切った。主翼に搭載された20mm機関砲の長大な砲身がはっきりと見える。

その後の数カ月、フランスの飛行機生産量はゆっくりながら上昇した。空軍で最も機数の多いモラヌ=ソルニエMS.406は、ほんの一時期はヨーロッパ最良の戦闘機と見なされたこともあったが、ドヴォアチヌやブロックの新しい戦闘機に比べると、誰の目にも、いまや半世代ほども旧式

ブロック152のすぐ前身、ブロック151のクローズアップ。152との主要な違いはエンジンで、ノーム・ローヌ14Nを装備していた。改良型である152が登場すると、大部分の151は訓練用、もしくは局地防空用に格下げされた。

な機体だった。

これに代わるものとして選ばれたのがドヴォアチヌD.520で、第二次大戦で使われたフランス製戦闘機のなかでは、たぶん最も優れた機体だった。ほかにアルスナルVG.33、ブロック157、C.A.O.200といった機体も代替候補機として発注された。これは善意から行われたこととはいえ、あとから見れば、戦闘機を多数そろえようという最重要な目的のためには、恐らく逆の効果をもたらした。

第Ⅴ次計画（およびその発展案）の要求に応えるためには、非常な努力が払われた。しかし、多年にわたる怠慢の報いで、工場で機体は完成しても、プロペラや発動機といった部品がどうにも足りず、結局、部隊に渡る実戦使用可能機の数を減少させた。フランス軍の慣習のうち、小さなことながら、その後の事態の推移から見て、もしかして重要な意味のあったのは、飛行部隊のパイロットたちが新しい機体を受領する際、補給処や工場から自分で空輸して来なくてはならぬことだった。イギリスの空輸補助部隊（Air Transport Auxiliary＝ATA）にあたるものは、フランスには存在しなかった。

こうして、1939年9月1日の朝には、フランス空軍は帳簿の上では以下に示すような種々雑多な戦闘機を総計1155機、受領していた。

GC Ⅱ/8 第4飛行隊（キャノピーの後方にそのペナントが見える）所属のブロック152。1940年後期、マリニャーヌで。

　　573　モラヌ＝ソルニエMS.405/406
　　120　ブロック151/152
　　172　カーチス・ホーク75
　　　7　コードロン・ルノー714
　　　0　ドヴォアチヌD.520
　　290　ポテーズ630/631

これらの数字は軍の管理下にある機体の合計で、各地の戦闘機学校やフランス植民地にあったものを含んでいるが、前線部隊によってはまだ使ってい

まるで模型のように見えるカーチスH-75A-1ホーク、s/n37（軍登録番号X-836）。最初に引き渡された41機は、このように機銃を4挺しか備えていなかった。ホークは1940年夏のフランスで入手できた最良の戦闘機で、それは当時の高位のエースたちの大部分が、このカーチス製輸入戦闘機を使っていたことで証明されている。

「フランスの戦い」が始まる直前、スイップ基地で乗機ホークの前に立つフランソワ・ヴァルニエ少尉。GC I/5に所属していた1939年9月20日から1940年5月5日までのあいだに、ヴァルニエは公認撃墜8機、不確実2機のスコアをあげた。

ロベール・トロン少尉の後ろはドヴォアチヌD.510。1939年になっても、このような旧式戦闘機がまだ数多く就役していた。トロンはブロック152を使用した数少ないエースのひとりで、GC I/8で公認8機の撃墜を記録した。

たドヴォアチヌD.500シリーズのような数百機もの旧式機は入っていない。だが、この数字からは新型機の多くがまだ第一線の戦闘機部隊に到着していなかった事実はわからない。とりわけブロック機の多くは、プロペラや射撃照準器といった基本的な必需部品がまだ付いていなかった。

　ゆっくりと再起しつつあったフランス空軍は多くの欠点を抱えていたものの、人員に不足はなかった。フランス伝統の勇気と情熱は欠けておらず、実際、ヴュイマン少将などは、もし戦争になったら空軍参謀総長の椅子を捨てて、爆撃機に乗り組んでベルリン上空で戦死するつもりだと宣言していた。彼はその言葉を守り、1943年にチュニジアで爆撃機部隊の中佐として勤務することになる。

　現実は、ゴール人［ガリア人。おどけて、フランス人をときにこう呼ぶ］の高い自尊心をもってしても、西部戦線でドイツ軍の猛攻が始まるまでに残された時間内に、みずからの組織や装備の欠陥を埋め合わせることはできなかったということだった。

chapter 2

「まやかしの戦争」
drôle de guerre

ジャン・ジクロン軍曹と乗機ホーク。1940年5月、トゥールで。GCⅡ/5の第4飛行隊のマークであるSPA167のコウノトリが、はっきり見える。各飛行隊のマークの位置や大きさには、かなりの幅があった。

　イギリスの対独宣戦（[1939年9月3日]フランスのそれより数時間早かった）が布告されたとき、イギリス空軍の前進航空攻撃部隊（Advanced Air Striking Force＝AASF）の先遣隊は、すでにフランスにある新基地に到着しつつあった。フランス空軍部隊は田舎の衛星飛行場に展開を開始、両国の陸軍部隊は防御作戦計画に従って国境沿いに分散して、それぞれドイツ軍が最初の行動を始めるのを待った……さらに待った。
　じきに、敵味方は退屈な「まやかしの戦争」の状態に落ち着いてしまった。ドイツ軍がポーランド征服に集中していたためである。こうした不活発な戦争状況のもとでは、フランス空軍戦闘機の空中活動もほとんど、国境監視のパトロール飛行や、さまざまな空中偵察飛行の護衛に向けられていた。1914〜1918年の第一次大戦で航空部隊が負った任務を再現するかのような、ふしぎな光景だった。
　9月8日、ランダウの近くで、フランスとドイツの空軍は初めて衝突した。偵察機を護衛していたGCⅡ/4の5機のカーチス・ホークが、4機のメッサーシュミットBf109に攻撃されたのだ。空戦はまもなく終わり、ヴィリー准尉とカスノーブ曹長がドイツ機2機撃墜を報告した。第二次大戦におけるフランス空軍の初戦果だった。ジャン・カスノーブは翌1940年6月の休戦までに、さらに5機もしくは6機の勝利を収め、その後1943年2月、北アフリカで事故死することになる。
　敵が何をしているか、偵察機が確認しようと努め、これが撃墜されないよう護衛の戦闘機が奮闘するという、この種の軍事行動は、それからの数週間、

操縦士が伝統的な飛行前点検を行うあいだ、機付長は彼の乗機ホーク75を暖機運転している。この機体（s/n 83）は1940年の「フランスの戦い」のしばらく前、ある高等訓練部隊（CIC）で使われていた際に撮影されたという。

ホークは頑丈な飛行機で、多数の機体が戦闘から生き残り、訓練部隊で余生を送った。この機体は1943年、北アフリカで撮影されたものだが、1939～1940年にかけて使われたものと、見た目はほとんど変わらない。

日課のように繰り返された。9月20日、GCⅡ/5の6機のカーチス・ホークは、こうした作戦のためアパッハ=ビューディンゲン戦区で護衛任務を遂行中、名手ヴェルナー・メルダースが率いるI./JG53の4機のBf109に奇襲を受けた。1機のBf109を撃墜し、もう1機を撃破したかわりに、2機のホークが撃墜された。空戦は激しさを増しつつあった。

9月24日は、勝ち負けのはっきりしない小戦闘が何度も発生し、双方とも断続的に損害を出していたが、1500時［午後3時、時刻の表記は以下同］、GRⅡ/52のポテーズ637偵察機1機を護衛していたGCⅡ/4のホーク6機は、エッペンブルム=ホルンバッハ戦区上空で、I./ZG52に所属する15機のBf109に出くわした。敵1機をド・ラ・シャペル軍曹が撃破したが、自分も撃墜され落下傘降下した。さらに2機がダルデーヌ准尉と、カミーユ・プリュボー准尉に撃墜された（プリュボーはこれが最初の戦果で、フランスの戦いの終了までに公認撃墜14機、不確実撃墜4機を記録する）。開戦後最初の1カ月間に、フランス空軍は空戦で10機の戦闘機を失い（カーチス・ホークが6機、モラヌ=ソルニエMS.406が4機）、かわりにBf109を20機撃墜した。

フランスの戦術偵察機部隊は、より大きな痛手を受けていた。空戦が頻繁になり、苛烈さが増すにつれ、護衛戦闘機がいかに頑張ろうとも、フランスの時代遅れの偵察機や観測機の無力さは明白となった（9月末までに19機が失われた）。全体に臆病気味だったフランス軍最高司令部は、それ以上の損失を避けようと、こうした機種をほとんどすべて、昼間作戦から外させた。その結果、1939年10月には、フランス軍はドイツ軍の行動や意図を偵察によって探知したくとも、ほとんどできなくなっていた。

10月は悪天候が空中活動を妨げ、戦闘機がスコアを増やす機会はきわめて少なかった。この月全体を通じて、フランス戦闘機の戦果はわずか4機のヘンシェルHs126偵察機に留まり、その名誉はホークとモラヌが均等に分け合った。この両機はドイツ空軍のメッサーシュミットBf109D型に対しては何とか負けずに済んでいたものの、より近代的戦闘機が必要なことは明らかだった。この状況から判断して、フランス軍最高司令部は1940年はじめと期待されていたドヴォアチヌD.520の就役を機会に、戦闘機軍（Aviation de Chasse）を再編成することを決定した。

この計画は1940年5月までに完了することが目標で、現在ドヴォアチヌD.500/501とMS.406を装備している15個の戦闘機大隊に、可及的速やかにD.520、ブロック152、そしてゆくゆくはアルスナルVG.33を導入するというものだった。同時に、すでに就役中の機体にも可変ピッチ・プロペラや装甲板の取り付け、火力の強化などの改良をほどこしてゆくことも要望された。地上勤務員が、どれほどの困難に直面するかは想像できた。あまりにも多種多様な飛行機が導入されたことによる多くの新しい問題の処理で、彼らはすでに手いっぱいだったのだ。

11月は平穏のうちに始まり、フランス空軍の戦術指揮システムに大幅な変更を加えるための時間の余裕が得られた。これは、それまでの複雑に過ぎる

開戦の直前、ランスのGCⅡ/5におけるジクロン軍曹の乗機ホーク75A-1 s/n 2（軍登録番号X-801）。SPA167のマークが胴体後部に描かれ、通常より境界のはっきりした迷彩塗装がされている。戦争初期に使われた直径30cmの小さな主翼上面用「蛇の目」標識が、手前の機体の翼に見える。

「連隊」(Escadres)を、「空中作戦区」(Zones d'Operations Aèriènnes)に改組するもので、この月21日から発効した。

[それまでの「連隊」は便宜的な組織で、ひとつの飛行場に駐留する大隊をまとめて編成された。従って、ある大隊が着陸場を変えると、そのつど所属連隊が変わり、名称も変わる不便があった。本文にある変更で連隊は解体、大隊は航空団(Groupement)に再編成されたが、その名称は以前のものを引き続き使用した]

11月6日、日曜日の昼過ぎに起こった空戦は、それまでのうち最も激烈な（そしてフランス側から見れば、最も祝うべき）もののひとつだった。ザール川上空を偵察していたGRⅡ/22のポテーズ63を護衛中の、GCⅡ/5のホーク9機が、高度16000フィート[4800m]でI./ZG2のBf109Dの大編隊に遭遇したのだ（詳細については本シリーズ第11巻「メッサーシュミットBf109D/Eのエース」第3章を参照）。Bf109編隊はポーランド戦でドイツ空軍のトップ・スコアラーだったハンネス・ゲンツェンに率いられ、総数27機のうち20機はフランス側と同じ高度で太陽を背にし、残りは2000フィート[600m]ほど高い位置を占めていた。フランス側が向かってゆくと、ドイツ側は攻撃に移り、すぐに各機ばらばらの個人戦になった。

エドゥアール・サレス軍曹はその公認撃墜戦果7機のうち、最初の2機をこのときに記録した。1機のBf109を高度500フィート[150m]まで追いかけたところ、相手パイロットは落下傘で飛び降りた。続いてもう1機に射弾を浴びせると、敵はザール近くの森に墜落した。もうひとりの未来のエース、アンドレ・ルグラン軍曹はその3機目と4機目の勝利をこの戦闘であげた。最終戦果は撃墜確実5機、不確実5機と報告され、損害はゲンツェン自身と戦ったピエール・ウーゼ中尉機がトゥール飛行場に不時着しただけで、操縦士にけがはなかった。

結局、戦果報告は撃墜確実4機、不確実4機に減らされたが、これはもしかするとフランス操縦士たちに公平でなかったかも知れない。当日夕方、ゲンツェンは説明を求められ、ベルリンに召喚された。ホークはBf109Dより優れていることを、あざやかに示して見せたが、次第にその数を増しつつあったBf109Eは、その後の空戦の行方を一方的というには遠いものにしてしまうことになる。

ドイツ軍の偵察機もまた、フランス機に痛めつけられた。11月7日、前日勝利を収めたばかりのエドゥアール・サレスはブリースカステル南方で、3.(F)/22 [第22長距離偵察飛行隊第3中隊]所属のドルニエDo17P 1機を迎撃した。ドルニエはザンクト・イングベルト付近に墜落し、生存者はなかった。翌8日、ポテーズ偵察機を護衛していたGCⅡ/4のホーク10機は、2機のBf109に護衛された1.(F)/22のドルニエDo17P 1機に出くわした。フランス機を見たメッサーは、ドルニエを運命の手に任せて逃げてしまった。カミーユ・プリュボーが射弾を浴びせると、乗員は落下傘で脱出し（うちひとりは負傷していた）、直後にドルニエは空中爆発した。

GC II/3のこの氏名不詳のMS.406操縦士(レイモン・クロース大尉の可能性あり)は、フランス戦闘機操縦士用の硬くて扱いにくい革製ヘルメットを着用している。ほとんどの部隊では機体識別用に数字を使っていたが、第4飛行隊の所属機は例外的にアルファベット文字を使用した。

1940年初期、GC I/2 第2飛行隊に所属していたMS.406 s/n 451(軍登録番号N-869)。1940年5月15日、この機はダルデーヌ軍曹が搭乗していて撃墜されたが、のちに修理された。

同じ8日、GC III/2所属の1機のMS.406は味方編隊とはぐれて撃墜され、搭乗していたバルビ軍曹は負傷し、捕虜となった。2日後、GC II/5所属のホークs/n123がDo17の後席機銃手に撃墜されたが、操縦者ドゥグジョン准尉は落下傘で脱出して無事だった。

そのあと悪天候が空中行動を妨げていたが、11月21日(新しい空中作戦区が発足した日)、エドゥアール・サレスは自分が同月7日に立てた戦功を再演し、ドルニエ撃墜の専門家のような存在となった。トレモレ中尉とともに、3.(F)/22のDo17Pをモランジュ北方で攻撃、撃墜したのだ。乗員のふたりは捕虜となった。その日の午後には、GC II/4のホーク6機からなる「重パトロール隊」(patrouille lourd)がI./JG52のBf109 2機に奇襲をかけ、ピエール・ヴィレ准尉に撃たれた飛行隊長ディートリヒ・グラーフ・フォン・プフィール機は炎に包まれて墜落した。ヴィレの3機目の勝利だった(彼はそのあと撃墜公認1機、不確実1機をスコアに加えたが、翌年5月25日、5機目のBf109を撃墜した直後、空中衝突で死亡する)。もう1機のBf109はジャン・カスノーブとサヤール軍曹が協同で撃墜した。

翌22日、フランス戦闘機はふたたびドイツ軍のDo17偵察機1機を捕捉した。これは4.(F)/121の所属機で、任務から戻る途中のGC II/7の4機のMS.406に退路をふさがれ、ドイツのモース付近に炎となって撃墜された。この戦いに加わったフランス操縦士のうち、ジョルジュ・ヴァランタン、ガブリエル・ゴーティエ、ジャック・ランブランの3人は、のちにエースとなる。もうひとりの協同撃墜者はグリュイエル少尉だった。

同じ日、ドイツ空軍はそれまでの自軍損失にかんがみ、偵察機の前途の安全を確保するため、戦闘機掃討作戦を実行した。その朝方の掃討で、3./JG2のBf109編隊はGC II/4のホーク75からなるパトロール隊を、ツヴァイブリュッヘン付近で急襲した。サヤール軍曹はヘルムート・ヴィックのために、たちま

ち火だるまとなって撃墜され戦死、カミーユ・ブリュボーも脚と顔面に軽傷を負った。彼の乗機、s/n 169はそのあと不時着、廃機処分となった。

やはり同じ22日(今度は昼過ぎ)、フランス陸軍第Ⅳ軍支配地域上空で、3個編隊が連携して数機の偵察機を護衛していたGC Ⅰ/3、Ⅱ/6、Ⅲ/7のMS.406は、I./JG76とI./JG51のBf109に襲われた。続いて起こった激しい格闘戦で、JG76のドイツ戦闘機2機が撃墜されたが(乗員はいずれも捕虜となった)、GC Ⅱ/6の1機とGC Ⅲ/7の2機も失われ、乗員ひとりが軽いけがをした。1機のBf109Eが方角に迷って国境手前に無傷で不時着し、フランスにとって思いがけぬ戦利品となった。

23日には、のちの撃墜18機のエース、GC Ⅲ/6のピエール・ル・グローン上級准尉がMS.406で、彼の最初のスコアとなる5.(F)/122のDo17Pを協同撃墜した。

フランス空軍と同盟国イギリス空軍との協力関係は、よく調整されているとは言えなかったが、それでも彼らはたびたび翼を並べて戦った。やはり11月23日、イギリス第1飛行隊のハリケーン3機が、偵察に飛来したハインケルHe111をヴェルダン付近で迎撃中、突然、GC Ⅱ/5のホーク6機が現れて助太刀に加わった。フランス操縦士たちはハインケルをやっつけようときわめて戦意旺盛で、ついに1機のホークが勢い余ってハリケーンの尾翼に衝突した。ハリケーンは墜落したが、幸い操縦士は無事だった。不運なハインケルはイギリスの3人の操縦士全員と、フランスの操縦士のうち3人の協同撃墜とされた。

11月は、フランス戦闘機操縦士たちの戦果がそれまでの最高となった反面、損失もまた翌年5月、ドイツ軍の猛攻が始まる前の最悪を記録した。11月の終わりまでに、GR23のH-75 1機が操縦者ロベール・ミオシュ中佐ともども戦闘で

GC Ⅰ/5 第2飛行隊のホークに描かれたSPA75の鷲のマーク。

フランス夜間戦闘機および双発戦闘機部隊の主力機種だったポテーズ630。Bf110ときわめてよく似ていたため、敵味方とも識別にたいへん苦労したことがよくわかる角度である。この機体は量産3号機(軍登録番号C-515)にほぼ間違いない。

失われ、またGCIII/6のMS.406 2機が悪天候のなかで空中衝突し、操縦士はふたりとも死亡した。さらにGCII/7のMS.406 2機が空中で発火し、操縦士はそれぞれ火傷を負った。そのひとり、アンリ・グリモー少尉は翌年の「フランスの戦い」までに回復し、この戦いで確実5機、不確実3ないし4機の撃墜を記録することになる。グリモーはのちにレジスタンスに加わり、1944年、活動拠点としていたヴェルコール台地をドイツ軍に襲われて死ぬ。

　1939年12月の大半は当時の人々の記憶にも稀なほどの悪天候が続き、空中活動はいちじるしく制限された。戦闘によるより、事故で失われた操縦士のほうが多かったほどで、戦果はわずか3機しか報告されなかった。

chapter 3
苦しみに向かって
into the torment

　ポーランドを占領したのち、1940年に入ると、西部戦線のドイツ軍は「ジッヘルシュニット[利鎌での刈り取り]計画」、すなわち、低地諸国とフランスに向けての大規模な攻撃作戦に備えて、しだいに増強された。フランスとドイツの操縦士が空で出会うこともますます頻繁になった。この年最初の衝突は1月2日に起き、GCII/5の12機のホークが、I./JG53のBf109E 1機を撃墜したが、戦果報告はされなかった。翌日はGCII/7のモラヌがBf109Dを1機撃墜し、フランス側に損失はなかった。それから1週間は悪天候で戦闘はなかったが、10日にはGCII/5のホークに搭乗したアンドレ・ルグラン軍曹が、I./JG2のBf109を1機墜として、自身4機目のスコアをあげた。

　翌日、GCI/5のエドモン・マラン・ラメレー中尉（やがて「フランスの戦い」における最大のエースとなる）は僚機レイ少尉とともに、ヴェルダン上空22000フィート[6600m]で3.(F)/11のDo17P 1機を捕捉した。彼らのホークに撃たれたドルニエは国境近くに不時着し、乗員は捕虜となった。これを皮切りに、マラン・ラ

上●第一次大戦で勇名を馳せた「ラファイエット飛行隊」[フランス軍に属して戦ったアメリカ人義勇兵飛行隊]の後身がGC II/5の第1飛行隊である。同部隊のこのカーチスH-75A-2 s/n 140（軍登録番号U-041）は、胴体の斜めの緑色帯の上の有名なスー一族の頭をはっきりと見せている。

下●ドイツ軍の攻撃が始まった1940年5月に、ちょうど就役しはじめたD.520は間違いなく、当時入手できた最優秀のフランス戦闘機だった。写真は1939年夏、ヴィラクーブレのCEMA（航空機材実験部）でテスト中の原型第2号機（s/n2）。生産型とのおもな外見上の違いは尾そり、エンジンカウリングに過給器空気取り入れ口のフェアリングが付いていないことと、奇妙なピトー管など。

メレーは「フランスの戦い」で撃墜公認16機、不確実4機の勝利を収める。だが彼も1945年2月4日、ドイツ上空で乗機が対空砲火に撃たれ、彼より前の多くのエースたちを襲った運命と同じく、地上攻撃中に戦死することになる。
　1月13日には注目すべき勝利が得られた。高空に飛来した1.(F)/ObdL［ドイツ空軍最高司令部直属長距離偵察飛行隊第1中隊］のDo17S-0（ロザリウス中尉搭乗）が、GCI/4のバルビエ大尉、ルマール軍曹に迎撃されたのだ。時間をかけて海面すれすれまで追跡されたドルニエは結局、ほとんど無傷のままカレー近くに不時着し、乗員は捕らえられた。フランス側はこの機体のカメラ装備に、とりわけ多大な関心を抱いた。撃墜はふたりの操縦士の協同戦果とされ、これはのちにヴィシー空軍とソ連のノルマンディ・ニエメン部隊での働きを含めて13機のスコアをあげるジョルジュ・ルマールの、戦果第一号となった。それから天候はまた悪化して戦闘を妨げ、この月の終わりまでに増えた戦果といえば、GCⅡ/7のグリュイエル中尉のモラヌが、2./JG54のBf109E 1機を撃墜しただけだった。
　2月はさらに厳しい冬となり、1機の勝利も得られなかった一方、3人の操縦士が事故死した。3月も状況はほとんど好転せず、散発的な戦いばかりで、戦果といえばGCⅢ/6とGCⅡ/7が、それぞれDo17 1機の撃墜を報告したに過ぎなかった。だが損失のほうは戦闘によるものと事故のためとを合わせて、増え続けた。この月最後の日、GCⅢ/7のモラヌMS.406が、一度の戦闘で4機を撃墜され、その乗員たちがすべて戦死、もしくは負傷したことは、不吉な前兆だった。ほかに3機が損傷を受けた。勝利者はⅡ./JG53のBf109E群だった。
　4月最初の日は天候に改善の兆しが見え、活発な空戦がいくつか起こった。GCⅡ/2のモラヌ2機は4.(F)/11のDo17 1機をとらえ、セダンの近くに撃墜した。さらにGCI/2のMS.406 10機はⅡ./JG52のBf109 8機と戦いを交えたが、これは彼らにとって開戦以来初めての本格的空戦だった。勝負はどっちつかずの混戦となり、モラヌはメッサー1機に損傷を与えたと報告した。一方、GCI/5のホーク5機はロンウィー付近で3.(F)/ObdLのDo 215 1機を取り囲んだが、この爆撃機は襲撃者1機に損傷を負わせたあげく、うまく逃げてしまった。昼過ぎにはGCⅡ/2の2機のモラヌがHe111 1機の撃墜を報告し、フランス戦闘機に損失はなかった。
　翌日はGCⅡ/3がBf110とDo 215、それぞれ1機の撃墜を報告したが、GCI/2の操縦士ひとりが損傷をうけた飛行機で着陸しようとして死亡した。4日には、ドイツ軍がノルウェーとデンマークに侵攻したという衝撃的な知らせがもたらされた。それから数日はドイツ空軍が対ノルウェー戦に専念していたためか、平穏が続き、7日に至ってつぎの衝突が起こった。朝方、GCⅢ/6とⅢ/2のMS.406は高空を飛ぶ1機のDo17を捕捉しようとした。だがモラヌはドルニエよりいくらも高速ではなく、多少の損傷を与えることができただけで、逃げられてしまった。その直後、ストラスブール近郊でGCI/2のモラヌ12機はI./JG54のBf109 6機を奇襲した。「シゴーニュ」［コウノトリ＝GCI/2の第一次大戦当時からの愛称］は敵1機を撃墜したが、ヴィダル大尉は機外に脱出した際、自機の尾翼に落下傘が引っかかり、死亡した。
　その日さらにのち、今度はフランス側が不意をつかれる番になった。GCⅢ/3のモラヌ編隊が、Ⅱ./JG53のBf109群に奇襲されたのだ。アンドレ・リシャール大尉が不時着の際に死亡した。午後にはBf110Cを新しく受領したI./ZG2が、GCI/5のホークとGCⅢ/6のモラヌの混成編隊に遭遇した。メッサ

この氏名不詳のフランス戦闘機操縦士は、彼がコクピットで身につける装備をよく示している。胸の中央にある無線制御器のほか、酸素調整器と酸素マスク、パラシュート、それに硬い革製ヘルメットを着用している。イギリスやドイツの戦闘機操縦士と比べると、フランス操縦士の姿は装備品でごたごたとして見える。

「フランスの戦い」におけるトップエースたちのうち、GC I/5所属の5人が肩を並べて立つ。左から、ジェラール・ムゼリ軍曹（撃墜公認6機プラス不確実4機）、レオン・ヴィユマン曹長（11機プラス4機）、チェコ人フランティシェク・ペリナ軍曹（11機プラス2機）、エドモン・マラン・ラメレー中尉（16機プラス4機）、ジャン・アカール大尉（12機プラス4機）、マルセル・ルーケット中尉（10機プラス4機）。後ろはアカールの乗機で、SPA67の部隊マーク、コウノトリが見える。

MS.406の飛行中をとらえた珍しいショット。1940年春、任務から帰還するGC III/6の第5飛行隊に所属するs/n 546（軍登録番号N-964）である。複雑に入り組んだ迷彩がわかる。この機体は1940年5月4日、不時着し破損した。

―2機がホークに撃墜されたが、ホークに搭乗していたサルマン准尉はハンネス・ゲンツェン大尉に撃たれて戦死をとげた。午後遅くには、特別装置を積んで無線傍受飛行に当たっていた1機のJu52をGC I/6とII/7のモラヌが撃墜し、失われたフランス操縦士のために、いささかの報復をした。

天候悪化で数日、戦闘のない日が続いたあとの4月20日には記念すべき出来事があった。高空で偵察飛行していた4.(F)/121のJu88 1機（すでに損傷を受けていたかも知れない）がGC II/9のアムルー准尉に捕捉、撃墜されたのだが、これはブロック152型があげた初めての戦果だった。同じ日の朝早くには、GC II/7のモラヌと2./JG54のBf109が激しい戦いを展開し、ピエール・ボワロが20ミリ機関砲でヘルムート・ホッホ中尉機を爆発させ、初めてのスコアをあげた。その後、GC II/4のホークの大編隊はIII./JG53のBf109に痛めつけられ、ホーク1機は操縦士が負傷して不時着した。味方偵察機と爆撃機を守るためには、両軍の戦闘機とも最善の努力をしたものの、これらは気の滅入るような規則正しさで撃墜されていった。KG54のHe111 1機はマーストリヒト付近でGC II/3のモラヌ数機の協力で撃墜されたが、勝利者の中には未来の5機撃墜のエース、マルタン・ロイも入っていて、これが彼の最初の戦果だった。

天候は好転しつつあったものの、フランス操縦士たちが戦う機会はこの月の終わりまできわめて少なく、ただDo17 2機とBf109 1機の撃墜が公認されたに過ぎなかった。ドルニエの

うち1機はエドゥアール・サレスとピエール・ヴィラセックのふたりのエースと、GCⅡ/5の他の操縦士たちとの協同撃墜とされた。この期間に戦闘で失われた戦闘機はなかったが、事故で4機が墜落し（奇妙にも、当時就役していた主力型4機種から1機ずつ）、操縦士は全員が死亡した。

　フランスの航空機生産計画はスピードを増しつつあったとはいえ、各大隊にはまだまだ何としても近代的機材が足りなかった。もう「電撃戦」開始への秒読みが始まっていたのに、ドヴォアチヌD.520を装備した前線部隊はまだひとつもなく、ただブロック152部隊は前より増えていた。

　5月の最初の9日間、ドイツ空軍は目前に迫った大攻勢のために戦力を温存したが、フランス空軍は写真偵察にやって来るDo17、He111、Ju88のあとをせわしなく追いかけていた。嵐の前の静けさのなかで、撃墜は1機も報告されず、ただGCⅡ/5のホークH-75 2機（エースであるエドゥアール・サレスと、ドラノワ上級准尉がそれぞれ搭乗）が訓練中に空中衝突し、操縦士はふたりとも落下傘降下して無事だった。

chapter 4

「電撃戦」
blitzkrieg

　1940年5月10日、0535時、ドイツ軍は史上最も重要な軍事行動のひとつを開始した。それまでに、フランス空軍戦闘機隊は敵70機の撃墜を確認し、その大部分はホークH-75を装備したGCⅡ/4とⅡ/5の功績だった。その過程で操縦士13人が戦死、15人が負傷、戦闘機28機が失われた。しかし爆撃機と偵察機の部隊は、はるかに悲惨な目に遭っていた。

　ドイツ空軍はポーランドとノルウェーでの経験から、フランス軍とその同盟軍であるイギリス空軍が、最初の攻撃に対して準備ができていないだろうと予測していた。この点では彼らはおおむね失望することになった。騒動を予感して、戦闘機部隊の駐留する大多数の飛行場では明け方から活動を開始し、すでに哨戒機を飛ばせていた。スイップではGCⅠ/5のホーク2機が0445時からパトロールに従事中だった。1機はエンジンが不調になり、やむなく基地に戻ったが、フランソワ・モレル曹長の操縦するもう1機は任務を続けた。突然、彼はBf110の7機編隊に出くわした。モレルは攻撃し、1機を炎上落下させたが、残った敵か

GCⅢ/1 第6飛行隊のクレベール・ドゥブレ軍曹の乗機、MS.406 s/n777（軍登録番号L-806）。ドゥブレはこの機で公認6機、不確実1機の撃墜を果たしたが、1940年6月11日、クレイ=スイイ飛行場がドイツ軍の攻撃を受けた際に死亡した。

哀れな姿となったモラヌ。1940年5月16日、ドイツ軍の攻撃を受けたあとのヴェルタン飛行場に残されたGC II/6 第4飛行隊のs/n 78（軍登録番号N-393）である。SPA124のジャンヌ・ダルクのマークがはっきりと見える。

ら急いで逃れるため、悲鳴のような風切り音を立てて急降下しなくてはならなかった。エース、ジャン・アカールの僚友だったモレルはすでに4月にDo17を1機撃墜していたが、5月18日に戦死するまでに撃墜公認10機、不確実2機のスコアをあげる。

モレルがBf110にかかっているのと同じころ、アカールも敵機の大群との戦いに巻き込まれていた。明け方に、チェコ人エースのフランティシェク・ペリナとともに離陸してまもなくのことだった。

「暗闇の残る地上から急速に上昇し、管制官から指示のないまま、私は東に機首を向けた。すると昇る朝日に一束の航跡雲が照らされているのが見えた。やや後下方にペリナ機を従え、私は全速力でそちらに向かったが、追いつけなかったため、セダンとヴェルダンの間の第2軍戦区でパトロールを開始した。太陽がかなり昇ったころ、私は15個の黒い点がゆっくりと西方へ、かつ我々の南のほうへと動いているのを発見した。彼らは明らかに我々より高い位置にあったので、我々は高度を上げながらそちらに向かった。数分のうちに、それらは多分メッサーシュミット110だとわかるぐらいに我々は接近した。

「そのとき、彼らは我々に向かって大きな旋回を始めた。我々の位置は依然、彼らより数百m低く、機体の迷彩塗装も下の大地に溶け込んでいるはずで、我々が気づかれたとは思えなかった。彼らは相変わらずゆっくりとした旋回を続けたので、私は発見されていないと判断し、攻撃を下令した。15機に対し、当方はたった2機なので、攻撃はただ一度だけ、上昇しながら射撃し、突きぬけた。メッサー5機が私のほうに向かってきたので、私は離脱し、ペリナ機を捜したが、どこにも姿が見あたらない。あとで知ったところでは、ペリナはあまりに長いこと上昇しながらの射撃を続けたため、［失速して］キリモミに入って低空に落ちてしまったのだった。

「この双発のメッサーシュミットどもはなかなか運動性に優れていたが、私

放棄された第301初等飛行学校のMS.406,s/n1013。この機体はおそらく、一度も前線に出ぬまま登録抹消となったに相違ない。

は高度を上げて逃れた。敵編隊はバラバラになり、混乱に陥っているようだったが、うち5機だけが一列縦隊を組んでいた。私はこの編隊に正面から反航攻撃を挑み、先頭の敵機を射撃すると、相手も私に撃ってきた。私は彼の腹の下をすり抜け、お返しに他の敵機にもそれぞれ銃弾を浴びせてやった。全部で2、3秒の間のことだった。縦隊の最後の1機は、私が銃火を開き、背後からの奇襲に備えて急転回すると同時に機首を上げたが、驚いたことにメッサーシュミットどもはふたたび集結して、東に向けて飛び去っていった。12機まで確認し、残りを捜したが、太陽がまぶしくて見つけられず、かわりにペリナがふたたび編隊を組むために上昇してくるのが見えた。

「このメッサーを追いかけるべきかどうか考えていたとき、無線でブーヴァール准尉が、ランス付近、高度3000mでドルニエ爆撃機の一群と交戦中と叫んでいるのが聞こえた。ブーヴァールはグーピ少尉と一緒に1機を撃墜したが、そのあとグーピは大腿部に焼夷弾1発を受けて、意識がなくなる前に、どうにかウェ=トウイシーに不時着することに成功していた。ペリナと私はドルニエに向かって全速で降下し、すぐに視野に入ってきた敵爆撃機編隊の左端の機に攻撃を加えた。敵は煙を曳きはじめ、高度を下げて、スイップ近くの野原に盛大に泥をはねあげて落ちた……。

「この日は終日、この世のものでないような目まぐるしさで次々に事が起こった。燃料補給が済んだか済まぬかというううちに、アルデンヌ上空で偵察任務を遂行中の数機のポテーズ63を護衛するため、離陸を命じられた。西へと進撃する敵軍の縦列の上を飛んだときには、猛烈な対空砲火から身をかわさなくてはならなかった。……スイップに帰還すると警戒待機を命じられた。2時間が過ぎ、誰かに交代しようとしていたそのとき、離陸を命ずる信号弾が指揮所から打ち上げられた。ペリナを従えて離陸したのと同時に、飛行場は爆弾の炸裂煙でじゅうたんを広げたようになった。見上げると頭の真上、高度約3000mに、Do17とBf110の混成編隊らしきものが見えた。

「激しい戦いになった。2、3秒ずつの間隔で、私は1機のドルニエを撃ち、メッサー2機に攻撃されているカーチス1機を助けに行き、2機目のドルニエをスイップ郊外に撃墜した。次いで、依然ペリナを従えたまま、1機のドルニエにそ

これもヴェルタンで破壊され、放棄されたGCⅢ/3第6飛行隊のMS.406C-1 364号機。軍登録番号はN-782。垂直安定板の青いダイヤモンドの上に黒で数字「2」が書いてある。

ブロック152が2機並んだ珍しいショット。1940年、GCⅡ/1 第3飛行隊の所属機で、各機独自の斑点迷彩を施されている。イタリア機の迷彩とよく似ているが、色は違う。

の尾部下に隠れて忍び寄り、長い連射を浴びせながら機首を左右に少し振って、翼端から翼端まで銃弾でなめてやった。十分接近していたため、弾着が見えた。私は射撃を止め、行き過ぎてしまわないようスロットルを戻した。敵爆撃機のエンジンはまだ回っていたが、乗員ひとりが機外に脱出し、私とすれ違いに彼の落下傘が開いた。私はこのドルニエを見守り、かつ敵戦闘機が接近してこないか見張るため、機位を少し右寄りに移動させた。

放棄されたブロック152、不運の「13」号。だれかが射撃練習の的にしたことが明らかだ。

「ふたり目の乗員が脱出するのが見えたが、彼の落下傘は早く開きすぎ、胴体に引っかかってしまった。彼は索にすがって、風防のほうに戻ろうと苦闘していた。少しばかり前に進んだところで、手が離れてまた尾部のほうに滑って戻った。ドルニエは煙を吐きはじめ、操縦士が脱出し、爆撃機はわなにかかった男を引っ張ったまま、垂直に落ちていった。機体は小さな川の土手に激突し、恐ろしい火の玉になった。私はデュン=シュル=ムーズ付近でもう1機のドルニエを撃墜したのち、夕闇が迫っていたので、ペリナとともにスイップに帰った。こうして、私の戦争第一日目は終わった」

この日の終わりまでに、GC I/5はDo17 8機の公認撃墜を祝っていた。だがGC II/4の駐留していた飛行場では、そうは行かなかった。濃い霧のせいで離陸できずにいるうちに、ドイツ軍は50発ほどの爆弾を投下し、GC II/4のホーク6機を破壊した。トゥール=クロワ・ド・メッツでは、爆弾が雨と降るなかをGC II/5のふたりの操縦士が離陸に成功し、爆弾を落としたハインケルを追いかけて2機を撃墜した。帰還したふたりは許可なく離陸したかどで懲戒処分を受けたが、そのためか、彼らの戦果は後日になるまで公認されなかった。一方、ノラン=フォントにいたGC III/1のモラヌ隊は、1機のHe111が飛行場の上を低空で通過したことから、もうじき面倒事が起こる警告を受け取った。残っていた戦闘機は緊急離陸し、ハインケルの第2波がやって来たとき、モラヌはその

このMS.406 s/n1010 (軍登録番号L-600) も、どこかの修理所で放棄されたものらしい。非常に明るいグレーの地色の上に、「蛇の目」の国籍標識を注意深く避けて暗色のまだらを施した迷彩は、以前戦闘機学校で使われていた機体のそれと同じで、本機の場合はモンペリエの高等訓練部隊使用機に符合する。

きわめて多くのモラヌが、こんな姿で最期をとげた。これは1940年5月26日に撃墜されたGC III/1のs/n 783（軍登録番号L-812）で、操縦士は重い火傷を負った。

6機をなぶり殺しにした。

　まともな空襲警報システムが存在しない状況では、被害が出るのも止むを得ず、とりわけ爆撃機基地がひどくやられたが、一日が終わってみれば、フランス戦闘機操縦士たちはよくその任務を果たした。戦闘機12機を失った（操縦士2名が負傷し生存）代わりに、彼らはドイツ機36機を撃墜していた。

　フランス戦闘機操縦士たちにとっての真の試練のときが、目前に迫っていることは疑いなかった。それから数日間、彼らは流れを食い止めようと勇敢に戦った。戦闘機隊は爆撃機と偵察機を守る責任を果たそうと最善を尽くしたが、その装備機材の大部分が性能的には平凡なものでしかなかったことと、無理解な地上軍幕僚の立案した戦術を押しつけられたことに足を引っ張られ、状況は破滅へと向かいつつあった。5月12日、敵軍がセダンへと突破してきた知らせを受けたときの陸軍幕僚の行動は、その愚かさを示す一例だった。写真と目撃証言があり、また飛行機上から観測者としてドイツ軍縦列を発見したのが戦車隊将校だったにもかかわらず、陸軍司令部はこの情報を、取り返しがつかない事態になるまで信じようとしなかったのだ［このあたりの東方に位置するアルデンヌの森は峡谷や沼地が点在し、道路も曲がりくねって狭く、大兵力の移動は不可能とフランス側は信じていた。ドイツ軍はその裏をかいて森を強行突破した］。

　戦闘機操縦者たちはその後の数日、混乱のなかで警戒態勢と出撃を繰り返した。ホーク装備の4個の戦闘機大隊の主要な任務は地上軍の上空掩護だった。5月12日、GC I/5所属の5機はフランス軍部隊に爆撃を加えているシュトゥーカ［Ju87］の一隊を捕捉、ただちにこれを殲滅した。11機を撃墜し、エドモン・マラン・ラメレーはひとりで撃墜3、不確実1の戦果を認められた。GC II/4は、それまでのグザフヴィリエ飛行場が敵戦闘機の機銃掃射を受けて、地上で6機を失ったあと、5月14日までにオルコントに移っていた。5月10日以来、空戦で失ったのは操縦士ひとり、戦闘機1機にすぎなかったが、移動に伴う混乱の結果、5月15日には出動可能なホークは7機しかなかった。それでもこの7機はランス上空の中高度で、6機のBf109に護衛された9機の敵爆撃機

このブロック152は整備作業中に放棄されたようだ。ほかの部分には異状がない飛行機も、1940年5月から6月にかけてのドイツ軍の快進撃の前に、やむなく多数が置き去りにされた。

木製のアルスナルVG.33は非常に大きな期待がかけられた戦闘機だったが、1940年のフランスで言い尽くされた物語どおり、残念ながら十分な機数が間に合わなかった。写真の2機は機銃が未装備で引き渡しができぬまま、ヴィラクーブレに残されていた20機の一部で、ドイツ軍が同飛行場を占領した際、無傷で押収された。

編隊に遭遇した際には、みごとな働きをした。フランス側操縦士は、そのうち6人がやがてエースとなるのだが(ジョルジュ・バティゼ、カミーユ・プリュボー、ジョルジュ・テスロー、レジス・ギュー、ジャン・ポーラン、それにジャン・カスノーブ)、格闘戦のあげくJu88 1機、Bf109 4機、それと迷い込んできた不運なHs126 1機を撃墜した。プリュボーと7人目の操縦士、ヴァンソットは乗機が被弾して落下傘で脱出したが、その前に爆撃機隊は狙った目標よりはるか手前で爆弾を捨てていた。

GCⅡ/4の公式日録係は、その日の戦闘について次のように書いている。

「1940年5月15日、水曜日。明け方、新しい基地で落ち着いていたとき、シャルルロワ南西へ上空掩護に出動するよう指示を受けた。離陸は1100時と決定。わずか7機の可動機が全機参加すべしとのこと。選ばれた操縦士は、第4飛行隊からヴァンソット中尉、バティゼ少尉、プリュボー少尉、テスロー准尉、第3飛行隊からギュー大尉、ポーラン准尉、カスノーブ曹長。

「何事もなく上昇し、ランス上空に達したとき、双発の爆撃機9機が見事なV字形の編隊を組んで、高度4000mで南西へ向かっているのを発見。攻撃を決意。敵はそれより1000m上空、やや後方に、護衛のメッサーシュミット109 6機を随伴していた。ヴァンソット中尉が攻撃に移ったが、恐らく少し早すぎた。メッサーシュミットが向かってき、味方は身を守るため、やむなく編隊を解いて急降下した。ヴァンソット中尉だけは爆撃機編隊に食いつき、左側の1機(Ju88)に数度の突進を繰り返した。その間、プリュボー、テスロー、バティゼはメッサーシュミットと激闘を展開し、おのおの1機ずつの敵機を撃墜したのち、ヴァンソットを手伝うため急いで上昇した。彼らは協同して爆撃機1機を撃墜。残りの敵機はワルメリヴィル付近に爆弾をでたらめに投下した。味方は彼らを追った。

「プリュボーはコクピットを炸裂弾で打ち砕かれたため、やむなく機外に脱出。ヴァンソットはユンカースをさらに1機撃破したが、彼自身も燃料タンクを撃たれ、コクピットにガソリンの蒸気が充満したのに、酸素マスクが機能しなかったため、やはり機を捨てて脱出した。一方、バティゼ、ギュー、カスノーブは低空を飛ぶヘンシェル126 1機を発見、これを攻撃してシイー・ラバイエの森に撃墜した。この際、ギューは立木の梢のあいだを全速力で飛び、両翼に大き

フランスの戦闘機生産量を何としても補う必要から、オランダ製のコールホーフェンFK.58も少数ながら発注された。若干機がポーランド人で編成された戦闘機部隊に支給されたが、実戦には、たとえ使われたとしてもごくわずかだった。

な裂け目を負ったものの、奇跡的に基地まで帰りつき、無事に着陸に成功した」

　ホークは火力がやや貧弱だったにもかかわらず、機数にまさる敵とも、おおむね渡り合うことができたが、モラヌを装備していた10個大隊の操縦士たちは、もっと苦労させられていた。モラヌに大幅に使われていた高圧空気作動システムは、少しでも被弾すると動かなくなることが多かった。機銃も頻繁に凍結したし、飛行性能はドイツの多くの爆撃機に比べて、いくらも上回っていなかったのだから、彼らがどれほど善戦していたかは驚きに価する。

　ふたたび5月15日、GCⅢ/7が出動させた「パトルイユ・トリプル」（飛行機9機の編隊）は、メジエール上空で、1個中隊のBf109に攻撃された。時速で60マイル（100㎞）も劣るモラヌはたちまち、アメリカ先住民に囲まれた幌馬車のような状況に追い込まれた。2機が炎に包まれて墜落、そこへさらに増援のメッサーシュミットが到着し、もう3機が撃墜された。結局、モラヌは4機が難を逃れたものの、操縦士2名が戦死、2名が負傷、ひとりが行方不明となった。こんな悲惨事はあったものの、この日が終わって見れば、フランス戦闘機隊は延べ254機が出撃し、味方20機の損失で敵25機を撃墜（確認）していた。

　だが、モラヌでも嚙みつこうと思えばやれることに気づいた操縦士たちもいた。たとえばGCI/2のロベール・ウィリアムは6月5日、3機のBf109を15秒で撃墜して見せた。モラヌをうまく使ったもうひとりのエースはGCⅢ/3のエドゥアール・ルニジェン少尉で、公認12機のスコアのうち10機を、5月11日から20日のあいだにMS.406で記録した。悲運にも彼は7月、腹膜炎で死ぬことになる。

　ブロック152で装備していた9個の戦闘機大隊の操縦士たちが、5月から6月、どうしていたかといえば、どんな出撃であれ、それから帰還できたなら奇跡に近かった。5月を通じて、ブロック機を飛ばせていたすべての大隊は大きな損耗に苦しんだが、そのうちかなりはひとえにブロックの航続時間の短さ——全速で約45分間——のせいだった。この欠点のため、ブロックはほとんど爆撃機護衛用に回されたが、成功しなかった。ブロック4個大隊を指揮下におく第21航空団は5月末までに戦闘で43機を失った。もっと情けないのは、ブロックの損耗はその生産速度にほとんど並行していたことだった。

　だが、特にふたりの操縦士はブロックの威力に富んだ2門の機関砲の活用法をよく証明して見せた。ブロックで8機のスコアをあげたGCI/8のロベール・トロン少尉は、6月3日の彼の経験をこう書いている。

　「わが小隊はメッサーシュミットと正面から会敵。編隊を解いて各個戦闘に入る。僚機を見失ったため、当該区域で再集合を待つ。背後からメッサー1機

が襲来、私のあとを追って右に旋回。敵機は地面に激突、操縦士は脱出しなかった。他のメッサーの攻撃を受け、その墜落地点を確認できなかったが、スパセック軍曹勤務伍長はおよそ0925時、ルワとショーン間に飛行機1機の墜落を目撃した。その後、私はメッサー2機に10分間にわたり、梢すれすれの低空で追尾され、その間、五度の攻撃を受けた。そのつど、右に、すぐまた左に回頭して逃れたが、毎回、自分が近接射撃に都合のいい位置にいることに気づいた。一度は機銃を射撃し、そのあとも二度、突進したが、それ以上のことはなかった。飛行場防衛小隊が近づいてきたのに守られ、基地に戻った」

トロンはそのスコアの全部を6週間足らずの間に記録した。ブロック乗りを代表するもうひとりの名手はルイ・デルフィノで、スコア16機のうち6機がブロックによるものだった。

損害の大きかった5月の終わりまでに、戦闘機大隊はドイツ機355機を撃墜し、味方は163機を失った。

危機的な戦況を、あたかも天が助けでもしたかのように、6月の初め、フランスの大部分は霧と細雨に包まれた。これはドイツ空軍の行動を大幅に妨げ、フランス戦闘機隊は待ち望んでいた小休止をとることができた。5月末以来、彼らは諸状況の変化を考慮に入れた大規模な再編成のために苦心していたが、6月3日早朝にそれは完了した。

D.520の生産が軌道に乗りはじめたことで、損害の大きかったモラヌ部隊のいくつかは待望の装備替えが可能となったが、別の新型機も導入されつつあった。そのひとつはコードロンC.714軽量戦闘機で、GCI/145のポーランド人たちに支給された。ポーランド人操縦士たちの多くは、のちにイギリス空軍に従軍し、「イギリス本土防空戦」で戦った（詳細は本シリーズ第10巻「第二次大戦のポーランド人戦闘機エース」を参照）。事態の深刻さは、オランダ製のコールホーフェンFK.58までもがテストされたほどだった。

6月まで、フランス空軍はドイツ空軍に対し、頑張ってどうにか負けずにいた。だが地上では、その戦闘能力を台無しにする出来事が続発しつつあった。フランス陸軍は侵入者に対し、激しい抵抗を行う能力をもち、ときには事実そうしたが、長年にわたる社会的不満や反戦主義の強い底流、また政治・軍事最

これも期待の大きかった戦闘機のひとつ、ブロック700。VG.33と同様、基本部分は木製で、重量が軽いため性能は優れていた。1機だけ完成していた原型は1940年半ばにビュックでドイツ軍の手に落ちたが、そのあとすぐ破壊されたらしい。

「フランスの戦い」が終わったあと、フランスの田舎には、地上での敗走を勇敢にも食い止めようとした飛行機の残骸が散乱していた。このブレゲー693軽爆撃機は恐らく対空砲火に撃墜されたもの。

高指導者たちの無能力は、兵士たちの士気を急速に萎えさせた。陸軍が崩壊しはじめたことは、空軍に大きな難題を突きつけた。「電撃戦」に対して、彼らは解決策をもたなかった。イギリスも他のヨーロッパ諸国も、その点では同じことだった。

飛行機が離陸し、帰還してみれば、まわりの陸軍部隊はパニック状態で退却してしまっていて、飛行場を守るものは誰も居なかった。その結果、使用可能な飛行機を放棄したり、必要な補給や整備がまったく受けられなくなる事態が生じた。こうした状況のもと、戦闘機操縦士たちは、言ってみれば地上で打ち負かされていた。

6月3日以降、彼らは空で起こるさまざまの出来事が、同じ方向に向かっていることに気づきつつあった。情報によれば、ドイツ空軍は6月3日を期して、かつてワルシャワとロッテルダムに対して行ったのと同じように、パリとそれを守る飛行場に対する大規模な攻撃を計画していた。この脅威に対抗するため、得られるかぎりの全部隊が配置された。3日の夜明けには、夜間戦闘機隊のポテーズ631複座戦闘機を含めて、約60機が待機していた。重苦しい熱気のなか、静かに時が過ぎてゆき、昼食時間になったとき、突然、3群からなる大編隊、合わせて約500機の飛行機がパリへと向かうのが視認された。

離陸せよとの合図が届いた。だが遅すぎて、いくつかの部隊は自分の飛行場に爆弾が降り注いでいるところへ命令を受け取った。戦闘機隊が敵の爆撃機隊までたどりついたときには、相手はもう帰還の途中で、気がつけば機数ではるかに劣るフランス操縦士たちは、敵の護衛戦闘機と生死を賭けた戦いを交えていた。それでもなお、ドイツ空軍の努力は目的を果たすことができなかった。この日、地上で破壊されたフランス機はごく少数だったし、空戦でも17機を失った（操縦士12名が戦死）にすぎず、

ドイツ爆撃機は急速に弱体化したフランス戦闘機の防御陣を圧倒した。このブレゲー693はフランスのどこかの地上で捕捉、爆砕されて、軍需品の山の中に横たわっている。

ドイツ機も同数が戦闘で失われた。

　この日はコードロン714軽量戦闘機が初めて実戦に登場した記念すべき日でもあった。この小さな飛行機は、国外に逃れたポーランド人たちに操縦されて公認撃墜12機の戦果をあげたが、技術的なトラブルに苦しみ、また軍用機としては脆弱にすぎた。

　6月4日、ダンケルクからの撤退が終わった［5月27日から6月4日までに、イギリス軍22万8000人、フランス軍11万人がここから海路、イギリス本土に撤退した］。にもかかわらず、フランス空軍は依然戦いを続けた。翌日、一連の激しい戦闘のあと、フランス戦闘機隊は55機の戦果を報告し、味方は15機を失った。この日は勇敢な戦いが数多くあった。アンリ・ディエトリッシュは、評判の悪いブロック152を駆ってHe111を2機、Bf109を2機スコアに加え、GC II/10の最新のエースとなった。ヴェルナー・メルダースはルネ・ポミエ・レラルグに撃墜された［本シリーズ第11巻「メッサーシュミットBf109D/Eのエース1939-1941」第5章を参照］。GC II/2のピエール・ドルシ上級准尉はBf109を2機撃墜し、エースとなった。

　それからの5日間、戦闘機乗りたちは何かに取り憑かれたように戦ったが、進撃してくるドイツ軍の前に、やむなく自分たちの基地から撤退し、多数の飛行機を放棄しなくてはならなかった。組織的な抵抗は、とりわけ猛烈なドイツ軍対空砲火のために、ますます困難になっていった。とはいえ、ドヴォアチヌD.520の機数が次第に増えてきたため、ドイツ空軍の損害もまだ続き、6月10日までに96機を戦闘で失った。6月8日だけで6機のJu87がGC I/2に撃墜された。

　6月10日、ムッソリーニは楽に勝てると期待して、フランスに宣戦した。この日、数人の操縦士がスコアをあげ、あるいはエースとなった。GC II/5のマリー・ユベール・モンレッス大尉(公認撃墜7機)は、自身の5機目のスコアとなるDo17 1機を撃墜した。GC II/7のルイ・パパン・ラバゾルディエールは6機目と7機目のスコアをあげ、どちらもドルニエだった。GC II/9のシャルル・シェネは5機目(Do17)と6機目(Hs126)を落とした。総計すればこの日、フランス操縦士たちはGC I/5によるBf110 3機も含め、12機を撃墜していた。4日後、ドイツ軍はパリに入城した。

　6月15日、ピエール・ル・グローンは一度の出撃でイタリア機5機を撃墜し、ものごとはイタリア人たちが考えていたほど簡単には運ばないことを実証して見せたものの［本シリーズ第15巻「第二次大戦のイタリア空軍エース」第1章参照］、戦況はもはや救いがたいところに来ていた。それから9日後、休戦協定が発効し、北アフリカの地から戦いを続けるつもりでいたフランス戦闘機操縦士たちを心から落胆させた。そのときまでに、さらに10機のドイツ機が撃墜されていたが、フランス側もさらに戦闘機操縦士4名が戦死、2名が負傷した。

　祖国を守る戦いで、1940年6月24日までに、合わせて138人のフランス戦闘機操縦士が戦死をとげ、176人が負傷した。だが、より大きな目で見れば、生き残った操縦士たち全員に、さまざまな形で影響を及ぼすことになる出来事が6月18日、ほとんど注目されぬうちに起きていた。ロンドンにあるBBCのスタジオから、シャルル・ド・ゴールという無名の陸軍の将軍が「戦争は負けてはいない」と放送したことである。

chapter 5
同じ旗の下の敵味方
two sides with the same flag

　停戦後の在庫調査によれば、フランス戦闘機隊は空戦で294機を、対空砲火で38機を失い、さらに恐らく100機を地上で破壊されていた。実のところ、フランス空軍は1939年9月[開戦時]に比べ、量的にも質的にも、敗戦後のほうが強くなっていたのは悲しい皮肉事だった。1940年7月、最も装備の優れた(ホークH-75およびD.520)7個の戦闘機大隊は北アフリカに避難しており、もう3個がシリアに、ECⅡ/595がインドシナに、そしてフランス本土には、おおむねブロック151と152で装備された7個の戦闘機大隊と、ポテーズ631装備の夜間戦闘機2個大隊が駐在していた。

　早くも1940年6月25日には、アルベール・リトルフなど最初の3人の操縦士が、ド・ゴール派に加わって「自由フランス空軍」の原型を結成するため、イギリスに飛んでいた。7月3日、イギリス軍はメルス・エル・ケビール[当時フランス領だったアルジェリア・オランの北西にある軍港]にいたフランス艦隊に攻撃を加えたが、このことでフランス人の誇りを傷つけられた他の多くの操縦士たちが、かつての同盟国に背を向けたのは悲劇的なことだった。その結果、ドイツは新しく成立したヴィシー政府に「休戦空軍」(Armée de l'Air de l'Armistice)として知られる空軍力を保持することを許可し、フランスの植民地と、フランス国内の非占領地区に駐留させることにした[独仏休戦協定の結果、フランスは南北に分割され、パリを含む北半分と、スペイン国境までの大西洋岸はドイツ軍の直接占領地区となり、南半分が自由地区としてヴィシー政府の統治に任された]。かくして一部の戦闘機操縦士たちは、ひとえに与えら

休戦直後のGCⅡ/9 第3飛行隊のブロック152。手前はs/n636、その向こうの、胴に「71」と書かれた機体は部隊長ルイ・デルフィノ大尉の乗機だったと思われる。

1941年、マリニャーヌで撮影されたGCⅡ/8 第4飛行隊のブロック152。この部隊で使われた機胴の独特の数字をよく示している。1940年にフランス空軍が北アフリカで抗戦を続けようとして同地へ撤退を始めたとき、ブロック機を装備した部隊がすべてフランスに残されたことは注目に価する。

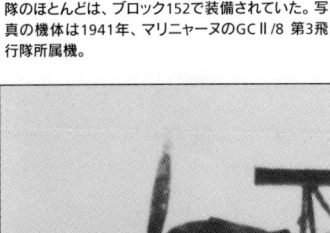

フランス本国に基地を置いたヴィシー政府軍戦闘機隊のほとんどは、ブロック152で装備されていた。写真の機体は1941年、マリニャーヌのGCⅡ/8 第3飛行隊所属機。

れた命令に従い、1943年の休戦空軍崩壊の日まで、間違った側に加わって戦ったのだった。

ダカール
Dakar

イギリス海軍はメルス・エル・ケビール軍港を、気が進まぬながらも攻撃した。この際、GCⅡ/5のアンドレ・ルグラン軍曹はカーチス・ホークに搭乗して、イギリス海軍航空隊のブラックバーン・スキュア急降下爆撃機を1機撃墜し、8機目の公認スコアとした（実際には、この機は損傷を受けなかった）。この攻撃のあと、ヴィシー政府はただちに海外にある彼らの所有部隊を増強する行動に出た。フランス人がフランス人と戦うお膳立てがととのった。

さて、フランス領西アフリカ（セネガル）海岸に位置するダカールは、フランス戦艦「リシュリュー」の停泊地で、連合国にとって潜在的な脅威と見なされていた。半面、もし現地当局者を自由フランス側に寝返るよう説得できるならば、この港は大西洋におけるイギリス海軍の作戦行動のための貴重な基地となるはずだった。そこで1941年9月、自由フランス軍の艦艇を含む大艦隊が編成され、そこには最初のド・ゴール派フランス人操縦士たちが多く加わっている第1戦闘機大隊が乗り組んでいた。ノエル・カステラン、ジェームズ・ドニ、それにアルベール・リトルフなど、このうち何人かはのちにエースとなる。

「メナス」と名付けられたこの作戦は結局、うまく行かなかった。自由フランス側の使者が、かつての戦友たちに、旗幟を変えるよう説得するのに失敗したあと、イギリス海軍は行動を開始した。空母「アーク・ロイヤル」の艦載機が9月24日から一連の攻撃を始めたが、ヴィシー軍は頑強にみずからを守った。この日、GCⅠ/4のジョルジュ・ルマール曹長はソードフィッシュ雷撃機を1機撃墜し、彼の4機目のスコアとした。のちにルマールは「ノルマンディ・ニエメン」大隊で、さらに9機の勝利を収めることになる。

3日間の戦闘で、イギリス海軍航空隊は戦意旺盛なフランス戦闘機の前に

ソードフィッシュ8機、スキュア2機、ウォーラス水陸両用偵察・観測機1機を失い、またイギリス艦艇の数隻が、「リシュリュー」からの砲撃と、フランス海軍航空隊のマーチン167による爆撃で損傷を受けた。9月26日、イギリス海軍はこれ以上の行動は無益と判断し、作戦を中止した。

▌シリア
Syria

1919年以来、フランスが統治を委任されていたシリアとレバノンは長年、陰謀と不安の温床だった。1940年6月の休戦のあと、現地当局がすみやかにヴィシー政府支持を決めると、多数のポーランド亡命軍人を含む、これに不同意の大勢の人々はイギリスの支配下にある近くのパレスチナに脱出した。1941年5月、枢軸軍がギリシャとユーゴスラヴィアを攻撃したとき、この地域のさまざまな党派間にはすでに緊張が高まりつつあった。この侵攻で連合国のあいだには、エジプトとスエズ運河に対する攻撃の基地としてシリアが使われるのではないかという恐怖が巻き起こった。

イラクで反乱が起こり、イギリスの利益を脅かしたとき、シリアのフランス当局は反乱者に武器を供給しただけでなく、反乱支援のための足がかりとして、ドイツ空軍に当地の飛行場を使用することを許可した［当時のイラクはかたちの上では独立国ながら、実際はイギリスの支配下にあった。1941年4月、親枢軸派だったイラク首相ラシッド・アリは、イギリスがバスラ油田防衛のために軍隊を駐留させようとしたのを拒否、これをイギリスが無視して派遣を強行したため、イラク側との間に武力衝突が起こった］。

この状況のもと、自由フランスに強く要請されたこともあり、イギリスは行動を起こさざるを得なかった。こうして、イギリス空軍はシリアの飛行場への攻撃を始めた。3週間というもの、ヴィシー・フランス空軍とイギリス空軍機のあいだに一進一退の小競り合いが続いたが、フランス本国のヴィシー政府はこの連続攻勢に危機感を抱き、アルジェリアからGCI/7のMS.406 27機とGCⅢ/6のD.520 25機を戦闘機戦力増強のために派遣した。

5月31日、イラクの反乱者が突然降伏すると、ふたたび自由フランスに尻を叩かれて、イギリスはシリアがドイツ軍の統制下に置かれないうちに、シリアに侵攻することを決定した。実のところ、ドイツはシリアのことは副次的な問題とみて、すでに興味を失っており、いかなる侵略にも抵抗しようと闘志満々のヴィシー・フランスの手に任せていた。そうとは知ら

1940年か1941年、モロッコのラバト上空を飛ぶマラン・ラメレー搭乗のホーク、s/n217。ヴィシー軍の塗装は、胴体の白線以外、1940年のフランスにおける悲運の戦い当時のそれと、ほとんど見分けがつかない。

これもGCⅡ/8所属機の列線だが、こちらは1942年の撮影。どの機体もヴィシー軍所属機を示す赤と黄色のストライプを尾翼とカウリングに描いている。手前から2番目の「14」号は、占領後も少数ながら生産が続けられたブロック155 s/n 708である。

ブロック155の全姿がよくわかる1枚。GC II/8 第4飛行隊所属のs/n707で、部隊長ド・ヴォーブラン大尉の乗機である。

ず、イギリス空軍は6月1日からシリア国内の目標への攻撃を開始し、やがて激しい戦闘が6週間にわたって続くことになった。

　最初の本格的な戦闘が起こったのは6月8日。GC III/6の「パトルイユ・ドゥブル」[6機編成のパトロール隊]を率いていたピエール・ル・グローンがダマスカス上空で、偵察に来たイギリス第208飛行隊のハリケーン1機を撃墜した(12機目のスコア)。同日後刻、同じくGC III/6のレオン・リシャール大尉が率いる6機のD.520は、イギリス海軍巡洋艦隊の上空で哨戒中のフェアリー・フルマー複座戦闘機6機と海岸上空で遭遇した。フルマー2機が撃墜され、うち1機はリシャールの初の戦果となった(彼は総計7機のスコアをあげるが、相手はすべてイギリス機だった！)。翌日、フランス空軍爆撃機はイギリス艦隊を攻撃し、護衛をつとめていたル・グローンは迎撃してきたハリケーンを2機撃墜したが、ブロック200爆撃機2機の損失を防ぐことはできなかった。この活発な戦いの最中に、レオン・リシャールに率いられたもう3機のD.520と、やはり3機のハリケーンが駆けつけた。混戦のなかで、1機のD.520とハリケーンが正面衝突したが、操縦士は2名とも海上でイギリス海軍に救助された。

　陸上でのフランス側の抵抗が激化するにつれ、両陣営とも航空兵力を増強した。フランス側の増援はGC I/2の10機のD.520と、訓練学校からの4機の

ブロック155はほとんどすべてがドイツ軍に押収され、1942年遅くに結局、フランス全土が占領されたのちは、高等練習機として使われた。

GCⅡ/8のブロック152の下で作業中の武装整備員。1942年、マリニャーヌで。画面右上隅の無線柱の下に、第3飛行隊のサメのマークがわずかに見える。この機体はヴィシー・ストライプが施され、また驚くべきことに、翼下に軍登録番号がまだ書かれてある。

MS.406だった。それから数日間、双方とも相手の地上部隊に対して爆撃を度重ねたが、フランス爆撃機の損耗が、事故によるものと戦闘のためとを合わせて、とりわけ大きかった。フランス戦闘機はより幸運で、6月13日にはレオン・リシャールが第11飛行隊のブレニム1機を撃墜し、乗員はすべて死亡した。

戦闘開始後1週間で、地上の戦いはほとんど膠着状態となった。だがイギリス空軍が戦闘開始時とほぼ同程度の戦力だったのに対し、フランスはGCⅡ/3の21機のD.520を含め、さらに戦力を増強した。

6月15日、ル・グローン率いる6機のD.520はグラジエーター6機に奇襲をかけ、ル・グローンはグラジエーター1機をたちまち撃墜、彼の公認15機目のスコアとした。そのあとの乱戦でD.520の1機が撃墜され、もう1機のグラジエーターが大きな損傷を受けた。ル・グローン機もひどく被弾して、基地に戻って不時着しなくてはならなかった。

その後の数日間の双方の交戦では、爆撃機が最も損害が大きかったが、フランス戦闘機の稼働率もまた急速に低下しつつあった。地上でも激戦が続き、イギリス軍は西部砂漠戦線が一時的に膠着状態となっていたことに助けられて、戦力を増強できた。

6月22日──ドイツ軍がソ連に侵攻した日──までには、自由フランス軍の名望がヴィシー軍の士気に影響を与え始めていることが明らかになっていた。

次の日、イギリス空軍は増援が到着したことで、戦術の変更が可能となった。フランス軍飛行場への一連の機銃掃射攻撃が始まった。またもやル・グローンに率いられたGCⅢ/6の

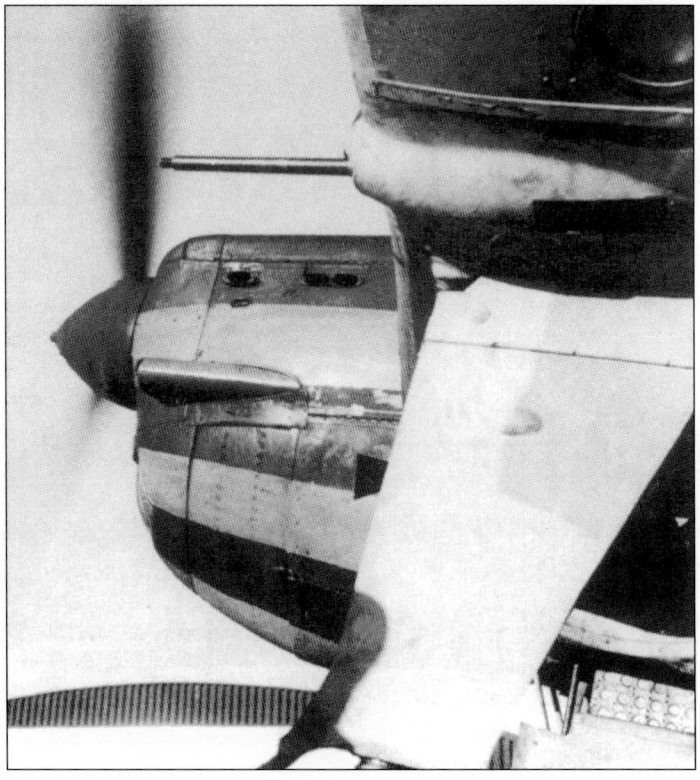

MS.406の設計の未熟さは、この機のエンジン部外板の隙間の大きさからも明らかに見てとれる。これはオーネイのヴィシー軍飛行学校で使われていた機体である。

第五章●同じ旗の下の敵味方

GC I/1も、フランス本国でブロック152を使用した部隊のひとつで、写真は1942年、リヨン=ブロン飛行場における同部隊機。いちばん手前の機体(s/n 606)は、第2飛行隊のマークであるSPA48のオンドリを尾翼に描いている。

このD.520は所属部隊は不詳ながら、1940年遅くにモロッコで撮影されたことはほぼ間違いない。胴体には、ヴィシー軍が初めのころ識別用に使った白のストライプが描かれている。

D.520隊は、まずバールベクで爆撃機を迎撃したのち、緊急出動を命じられ、すぐに8機のハリケーンと遭遇した。激しい交戦の末、ハリケーン4機の撃墜が報告された。1機はル・グローン、1機はリシャール大尉とメルチザン曹長、コワノー軍曹の協同、3機目はマルセル・ストゥヌー中尉、そして4機目はストゥヌーとほかに2名の操縦士の協同による戦果だった。ストゥヌーは6月8日にサイーダでイギリス海軍航空隊のフルマー1機を撃墜し、それに1940年にフランスでドイツ機2機を落としていたから、この2機のスコアを加えたことでエースとなった。だが彼が喜びにひたっていられた時間は短く、同じ日遅く、彼とサヴィヌラン軍曹のふたりは、オーストラリア空軍第3飛行隊のトマホーク12機との戦闘で戦死した。レオン・リシャールがトマホーク1機を撃墜し、エースとなったものの、GC III/6の残った機体もオーストラリア人たちに手痛い目に会わされ、ル・グローン機もひどく損傷した。

6月26日、戦意に燃えるオーストラリア人たちはGC II/3のD.520をホムス飛行場の地上でとらえ、5機を完全に破壊、6機を撃破し、さらに11機に軽重さ

1940年の終わりごろ、飛行中のGC III/6所属のD.520「11」号。操縦士が誰かは判明していない。

まざまの損傷を与えた。フランス飛行士たちにとって、この状況は1年前、フランスで起きたことと悲しいほどよく似ていた。早期警戒システムがなかったために、自軍飛行場に爆弾が落ちてくるなかを戦闘機が離陸してゆくことがたびたびだった、あの状況に。

ホムスでこうむった災難の結果、すべてのフランス戦闘機隊は代替機を待つために前線から後退した。この戦いの残りの期間、フランスの戦闘機戦力は事実上解体されていたが、それでも最後までイギリス空軍とオーストラリア空軍に出血を強いることになった。一方、フランス爆撃機隊（多くは海軍所属機）は1940年当時と同様、多大の損耗に苦しみ続けた。

7月2日、GC II/3のエミール・ルブランス少尉はハリケーン1機の撃墜を報告し（実際は撃墜はされなかった）、自分がかつてフランス上空で記録したドイツ機6機確実、1機不確実撃墜のスコアを伸ばした。皮肉にも彼は1944年1月

1940年末、北アフリカの上空を哨戒飛行中のD.520 (s/n248)。ヒョウのマークから、GC II/7 第2飛行隊の所属機であることがわかる。

ピエール・ル・グローンが、1940年夏の休戦後塗装を完全に施されたその有名な乗機、D.520 (s/n277)「6」号で飛ぶ。

29日、ハリケーンに乗って訓練飛行中、誤ってP-39と空中衝突して死亡する。7月5日、GCⅢ/6のD.520 6機(例によってル・グローンが指揮)はハリケーン2機を、ル・グローン、メルチザン、リシャール、それにマルタン・ロイ曹長の協同で撃墜した。

ロイはイギリス空軍機の犠牲の上にエースとなった、もうひとりのフランス操縦士で、この戦果は以前フランスでGCⅡ/3にいたとき記録した4機に続く、5機目の公認撃墜となった。ロイは1943年7月27日、エアラコブラ(P-39)で訓練飛行中、機を捨てなくてはならぬ事態を迎え、脱出したものの落下傘が機体に引っかかり、大地まで引っ張ってゆかれて死亡した。

この戦いで興味深いのは、MS.406を一時しのぎの夜間戦闘機として使用したことだった。GCI/7がイギリス空軍爆撃機に対して試みに使ってみたのだが、驚いたことに、アマルジェ上級准尉が7月7日、第70飛行隊のウェリントン1機を撃ち落とすことに成功している。

地上では激戦が続いていたが、もはや終末が近かった。双方が相手側の飛行場に機銃掃射攻撃を行ったが、フランス側はそろそろ損害の少ないうちに手を引く潮時と考え、飛行機を後退させはじめていた。1941年7月12日、すべての戦闘が停止され、シリアは自由フランスの支配下に入った。

ヴィシー軍は飛行機128機をさまざまな原因で失ったが、空戦で失われた戦闘機は9機にすぎなかった。戦果は公認撃墜34機と報告された(イギリス空軍とオーストラリア空軍の実際の損失は27機)。相手側は37機の戦果を報告し、フランス側の実際の損失は26機だった。というわけで、双方はほぼ同等に面目を保った。いまや戦いの焦点はふたたび北アフリカに戻ろうとしていた。

「トーチ」作戦
Operation Torch

1942年半ば、枢軸軍がソ連で驚くべき勝利を収めたあと、ソ連への圧迫を軽減させ、またエジプトを救援することが緊急の必要事となった。結局、連合国はフランス領北アフリカに上陸することを決定した。これにより第2戦線が

GC I/4 第2飛行隊のジョルジュ・ルマール軍曹が、ダカール近くのヴェルデ岬から発進し、乗機H-75A-3 No295で哨戒飛行中の光景。1942年以降のヴィシー軍塗装が完全に施されている。当時のルマールのスコアは5機で、そのあとの戦果はロシアの「ノルマンディ・ニエメン」に加わって追加することになる。

でき、また最終的には北アフリカのイタリア・ドイツ軍を打ち負かす機会が得られると期待したのである。その結果、地中海がふたたび連合国の支配下に入れば、ドイツ軍の南側の脇腹をむき出しにしてやれる。「トーチ」［たいまつ］と名付けられたこの作戦は、英米連合の軍事作戦としては初めての大規模なもので、また現地のヴィシー軍の抵抗を弱めようとの期待から、主役はアメリカ軍と自由フランス軍であるかのようなふれ込みが強力に行われた。

枢軸側が反応する前に、できるかぎり広い区域を占領しておく必要上、それぞれ遠く離れた3地点に同時に上陸することが決定した。カサブランカ（モロッコ）、オラン、それにアルジェ（ともにアルジェリア）で、このうちカサブランカはアメリカ軍が単独で担当し、あと2カ所は米英軍が連合して攻略することになった。目的地が3カ所では戦力が分散され、弱まるという不利益はあったものの、連合国にほかの選択肢はほとんどなかった。

上陸を空から掩護するための空母数隻をそれぞれ含む、3つの船団が必要となった。アルジェに向かう「H部隊」はイギリス軍で、空母4隻、航空機計118機が含まれていた。オランへの「O部隊」はイギリス海軍の空母3隻、航空機59機を使用した。カサブランカ上陸にはアメリカ海軍が空母4隻、航空機164機、それにアメリカ陸軍航空隊がP-40戦闘機1個航空群を提供した。アメリカ軍部隊は大西洋を横断して直行することから、とりわけ厳重な機密保持が求められた。ジブラルタルとマルタ島に、このために特に送られた航空戦力からも、追加の支援が得られることになっていた。

これらの航空戦力に対抗するヴィシー・フランス軍は、モロッコでは205機の飛行機をもち、うち戦闘機はGC I/5、GC II/5、それに海軍航空隊3F戦隊を合わせてD.520が38機、ホークH-75が40機の、計78機だった。アルジェリアには160機があり、うち戦闘機は76機で、大部分はGC II/3、GC III/3（この大隊は以前はGC I/3という名称で、11月8日にはその名に戻った）、それにGC III/6からのD.520が占めていた。チュニジアの戦力は最も弱体で、飛行機は69機しかなく、戦闘機はGC II/7のD.520が24機だった。

1942年12月8日、0100時、3地点への上陸は、完全な奇襲となって開始された。明け方、最初の空襲でオラン近くのラ・セニア飛行場へ向かったイギリ

1942年はじめ、モロッコ上空をパトロール飛行するGC I/5のホーク2機。

ス海軍のアルバコア雷爆撃機は、同飛行場を基地とするGC III/3のD.520 12機の迎撃を受け、目標を間近にして乱戦となり、護衛のシーハリケーン隊が駆けつける前に、D.520はアルバコア4機を確実に、2機を不確実に撃墜した。フランスでGC I/3勤務時代、すでにドイツ機6機撃墜を公認されていたジョルジュ・ブランク中尉は、雷爆撃機2機をスコアに加えた。一方、D.520は4機が失われた。

タファルイを攻撃した第807飛行隊のシーファイアは地上にあった数機の爆撃機を破壊し、帰還の途中、さきに述べたGC III/3との戦いに加わり、D.520 1機を撃墜した。これはシーファイアが実戦であげた初めての戦果だった。第807飛行隊はついでの駄賃にラ・セニアでも地上の飛行機数機を破壊したが、お返しにシーファイア1機が地上からの射撃で撃墜された。

0800時ごろ、第891飛行隊のシーハリケーンはラ・セニアを襲った。弾丸を使い果たしたところで1機が撃墜され、操縦者にけがはなかった。ミシェル・マドン少尉の8機目のスコアとなったのが、たぶんこれだったと思われる。

アメリカ軍の空挺部隊がイギリスから直接飛んできて、ラ・セニアに降下するはずだったが、彼らを乗せたC-47輸送機の編隊は方角に迷い、悪天候のなかで散り散りになってしまった。目標に到着したのは、ちょうど第807飛行隊のシーファイアによる攻撃の直後だったため、彼らはその時まだ在空していた

1941年末、シリアのラヤクにおける自由フランス第2飛行小隊の一部をなす2機のMS.406。手前の機体はs/n831号。

GCⅢ/3のD.520の迎撃を受け、すこし離れた塩湖に12機が不時着を余儀なくされた上に、フランス人に機銃掃射を浴びせられた。まもなく、タファルイをすでにアメリカ軍が占領したことが判明し、これらのC-47には離陸してそちらに向かうよう指示が出されたが、何機かは泥にはまりこんでいて離陸することができなかった。

多忙だったこの日の朝、すこし時間が過ぎてから、GCⅢ/3のドヴォアチヌ隊は爆撃機護衛任務につこうとして、ラ・セニア上空を旋回していた。そのとき戦闘機の一編隊が現れ、彼らはそれをハリケーンだと思った。実はこれらは第807飛行隊のシーファイアで、続いて起こった乱闘のなか、プパール軍曹が、さきにD.520がやられたお返しに1機を撃ち落とした。

午後3時ごろ、GCⅢ/3はラ・セニア上空でまたも第807飛行隊のシーファイアに遭遇した。ロジェ・デュヴァル大尉の率いる「パトルイユ・ドゥブル」が爆撃機護衛任務（実際には爆弾は1発も投下されなかった）から戻ってみると、イギリス戦闘機が地上の飛行機を攻撃していたので、これを捕捉した。短い戦闘でデュヴァルは1機を撃墜、4機目のスコアをあげた。

その日さらに遅く、多忙なGCⅢ/3がタファルイ飛行場（すでにアメリカ軍の手に落ちていた）を銃撃しているところへ、アメリカ第31戦闘航空群がジブラルタルから直接飛んできて到着した。スピットファイアに搭乗するアメリカ人たちは、はじめD.520を友軍のハリケーンだと勘違いし、その混乱を利してジョルジュ・ピソット少尉はスピットファイア1機を撃墜、公認4機目の勝利を収めた。だがアメリカ人たちは取り違えに気づくとすぐ、D.520に向かってきた。不公平な戦闘のなかで、アングレ少佐とモーヴィエ大尉は為すすべもなく戦死、プパール軍曹は落

このMS.406 s/n819（軍登録番号L-848）はもとGCⅠ/7の所属で、ジャン・テュラーヌが1940年12月5日、ヴィシー支配下のシリアからパレスチナに脱出した際に乗ってきた機体である。新しくGCⅠ「アルザス」の1機となり、自由フランス空軍のマークを機胴に描いている。

上と同じMS.406 s/n819だが、こちらはイギリス空軍のマークを塗装し、AX619となった姿。

1941年5月、チュニスにおけるGC III/6 第5飛行隊のD.520、No309。この機体はシリアのヴィシー軍を増強にゆくはずだったが、空輸の途中、ラヴィリ曹長がシチリア島カターニアに着陸の際、破損させた。本機をイタリアは1942年3月29日になって返還した。

このGC III/6のD.520 No229は、シリアで使われたD.520の尾部の黄色塗装をよく示している。第5飛行隊長ジャコビ大尉の乗機で、まず間違いなく、シリアへ移動途中の1941年5月25日、ブリンディジで撮影されたもの。

下傘降下した。

GC III/3の生き残り6機は、基地へ戻る途中、さきに不時着したまま離陸できずにいた不運なC-47を見つけ、銃撃を浴びせた。3機が破壊され、ジョルジュ・ブランク、ミシェル・マドン少尉、ジョルジュ・ピソット少尉、それにロジェ・デュヴァルの協同戦果として認められた。これら4人はすでに全員がエースだったが、この日を限りに、以後のスコアはふたたびドイツ人を相手に重ねてゆくことになる。

マドンは当日、もっと早いうちにスコア8機目のシーハリケーン（第891飛行隊）を落としていて、これらのC-47が9機目から11機目の戦果となった。

ブランクは1943年9月30日、コルシカ島バスティア付近でMe 323輸送機を撃ち落としたのが最後の戦果で、モロッコのメクネスで戦闘機訓練学校の校長として終戦を迎えた。戦後はふたたびアルジェリアで戦い、1963年10月に大佐で退役、1990年1月8日に死去した。

ピソットは1943年9月にMe 323を1機撃墜（公認）、Do217を1機撃破し、最終スコアを公認8機、不確実1機とした。戦後はインドシナに18カ月勤務し、その後、教育訓練関係のポストを歴任、1964年に大佐で軍務を退いた。

デュヴァルにとって例のC-47は7機目の勝利となった。彼の次の勝利は1943年9月29日、バスティア沖でJu52 1機を確実に、1機を不確実に撃墜、3機を撃破したもので、これが最終スコア（8機プラス不確実2機）となった。戦後はおもに教育部と参謀部に勤務し、1961年7月、将官として退役を迎えた。

GC III/3は、ヴィシー政府軍の傘下にある間、撃墜17機、不確実7機を

不時着したGC I/2のD.520。赤と黄色のヴィシー・マーキングがはっきりとわかる。カウリングのストライプが下へ行くほど斜め後方に延びるように手が加えられている点が興味深い。コウノトリのマークはSPA103のもの。

公認され、GCI/3に改称された。

　オラン周辺の空の戦いは事実上、わずか1日で終わり、生き残った飛行機はモロッコへ撤退を始めた。地上での抵抗がなお2日間——ゴール人の面子を保つには十分——続いたあと、以前はヴィシー政府の忠実な支持者だった北アフリカ軍総司令官、ダルラン提督は旗幟を変え、停戦を命令した。イギリス海軍は失った飛行機が各種合計53機という、意外なほどの損害をこうむっていたが、大部分は操縦士の訓練不十分のせいとされた。

　モロッコでは事態はやや違ったものとなった。当初、守備側に混乱があり、アメリカ軍部隊はきわめて迅速に上陸できた。しかし経験の不足から、海岸に長く留まりすぎたため、フランス側に盛り返す時間を与えてしまった。夜明けにアメリカ海軍機が港の船舶を攻撃し、また飛行場を襲って、離陸しようとする飛行機をとらえて大損害を与えた。グラマンF4F群がカサブランカ上空に侵入したとき、GCII/5「ラファイエット」大隊のホーク6機はキャンプ・カーズから離陸しつつあった。このなかには1940年の戦い以来のエースが何人もいた。ピエール・ヴィラセック中尉もそのひとりで、すでにドイツ機5機撃墜を公認された操縦士だった。彼のパトロール隊はヴォートOS2Uキングフィッシャー水上観測機1機を最初の血祭りにあげ、沖のアメリカ軍艦船からの砲撃を混乱させた。

　GCII/5からは一定の時間をおいて次々に飛行機が飛び立ち、常時哨戒についた。0845時、トリコー少佐は座骨神経痛に苦しみながらも、ファーブル中尉、ロベール・ユーヴェ大尉に付き添われて離陸した。1930年以来の航空隊員だった経験豊かなユーヴェは、フランスの戦いでドイツ機5機を撃ち落とし、1942年9月2日にはサフィ沖でイギリス空軍のウェリントン爆撃機1機を不確実ながら撃墜していた。今度はアメリカ人を撃ち落そうとしていたわけだった。侵攻に立ち向かったもうひとりのホーク操縦士、ポール・アブリュー中尉は、ふだんはラバトで司令部勤務だったにもかかわらず戦闘に加わり、この日、エースとなった。

　使い古されたホークの最後の1機が離陸し、速度を得ようと苦闘していたとき、米海軍第41戦闘飛行隊(VF-41)のワイルドキャットが高速で飛行場上空に入ってきた。まさに正確なタイミングで、彼らはホークと戦闘に入った。

GCⅡ/5は兵籍上はD.520を13機保有し、アメリカ軍操縦士たちもそれらを目撃したと報告したが、事実は、この飛行機の20mm機関砲用の弾薬が部隊にはなかったため、ただの1機も使用されずに終わった。飛行場の上で繰り広げられた苛烈な、また混乱した格闘戦で、ものを言ったのはワイルドキャットの卓越した火力だった。空戦で5名のフランス操縦士が戦死、4名が負傷し、さらに離陸時の事故で2名が死亡した。

GCⅠ/5 第1飛行隊のカーチス・ホーク。1940年、モロッコのラバトで。尾翼の数字「1」は飛行隊長乗機を示すものと思われる。

　GCⅡ/5は空戦によるものに加え、地上でも機体を破壊され、全部で13機を失った。トリコーとロベール・ユーヴェも戦死したが、その前に両人ともF4Fを1機ずつ落としていた。

　ピエール・ヴィラセックはアメリカ戦闘機1機を撃墜して公認6機目のスコアとし、さらに不確実2機をも加えたが、顔面に負傷した。彼はのちにチュニジアとイタリアで軍務につき、やがてGCⅠ/3の隊長となって終戦を迎える。戦後は参謀となり、作戦部門で昇進を重ねていった。1962年に少将、1969年には空軍人事局長となり、1977年に退役した。ポール・アブリューはこの日、SBDドーントレス1機を落として自身5機目の、そして最後となる勝利を収め、戦後も北アフリカに留まった。1948年にはパレスチナで国連に勤務し、のちフランス空軍省に戻ったが、1951年11月17日、P-47サンダーボルトで飛行中、機外脱出を余儀なくされた際、落下傘が開かなかったため死亡した。

　アメリカ軍も犠牲を払った。GCⅡ/5はこの日、全部で7機のワイルドキャット、1機のOS2Uを撃墜したと報告したが、ワイルドキャットのうち何機かは実際はSBDだった可能性がある。敵の識別を間違えたのはフランス人だけではなかった。そのころの飛行機識別能力が一般にレベルの低いものだったことを示す典型的な例をあげれば、当日の朝、米海軍第9戦闘飛行隊（VF-9）の経験の浅いアメリカ人操縦士たちは、フェダラ［現・モハメディア］沖で双発機1機を撃墜し、LeO45［フランスの爆撃機］だったと報告した──実際には、これはイギリス空軍のハドソン爆撃機だった。翌日には海軍第41戦闘飛行隊（VF-41）が非武装のイギリス空軍スピットファイア写真偵察機1機を撃ち落とし、誤りの上塗りをした。終わってみれば、この日は海軍第9戦闘飛行隊の操縦士たちにとって良い日ではなかった。彼らは味方6機を、フランス人とは関係なく、機械的な故障や航法の誤りから失った。

1940年か41年ごろ、モロッコ上空を飛ぶGCⅡ/4のホーク2機。機胴には各機のシリアルナンバー──188と267──の下2桁が大きな数字で書いてある。どちらもSPA155のエンブレム「プティ・プーセ」［親指太郎］を描いている。

　11月9日、月曜日、カサブランカの朝が明けると、GCⅡ/5の疲れ切った操縦士5人はフェダラで上陸用舟艇を銃撃し、幸いわずかな損傷を受けただけで脱出した。アメリカ軍は対抗措置として艦隊護衛のためワイル

「トーチ」作戦中、イギリス海軍航空隊はヴィシー・フランス軍戦闘機により多くの損害を受け、苦戦した。この第804飛行隊のシーハリケーンJS327は1942年11月8日、フランス軍のD.520と交戦後、アルジェリアのオランに近いレザンダルース海岸に不時着したもの。「トーチ」上陸作戦では、同飛行隊はイギリス海軍空母「ダッシャー」から行動していた。この作戦で識別用に使われた「アメリカ型」標識に注目[敵軍の標識がイギリスと似た「蛇の目」なので、混同を恐れてのこと]。

ドキャットを哨戒させた。一時間後、海軍第9戦闘飛行隊の操縦士たちは、フランス空軍・海軍航空隊混成の爆撃機隊が、同様の攻撃のために、GC I/5のホーク15機に護衛されてやってくるのを発見した。有利な高度にあったワイルドキャットは、たちまちホーク4機を撃墜、うち2名の操縦士を戦死させ、ジョルジュ・テスロー上級准尉に重傷を負わせた。テスローはきわめて有能な操縦士で、フランス防衛戦では確実7機、不確実4機のスコアをあげ、その大部分がBf109だった。幸い彼は負傷から回復し、1944年4月11日にはオラン沖でJu88を1機撃墜している。戦後はモロッコ駐留をはさんで、インドシナで二度の実戦勤務を果たした。1964年に大佐で退役、1988年1月29日に亡くなった。

フランスの戦いで撃墜公認14、不確実4のスコアをあげ、この日、両陣営を通じて最も優れた操縦士のひとりだったカミーユ・ブリュボー中尉は、もう少し運がよかった。彼の乗機はひどく被弾し、ラバトの自分の基地に戻って胴体着陸しなくてはならなかったが、負傷はしないで済んだのだ。

この日のフランス側にとって、ただひとつの慰めは、GC I/5のもうひとりのエース、ジェレミー・ブレッシュー曹長がワイルドキャット1機を撃墜して（操縦

「トーチ」作戦終了からまもなく、メドゥイーナに遺棄されたGC II/5のホーク75の残骸を、米兵たちがいじり回す。

ゲアハート少尉は無事)、自身9機目の、そして最後の勝利を収めたことだった。1年後、彼はアメリカ人と一緒にP-39で飛んでいた。戦後はおもに教官をつとめ、1954年インドシナに渡った。1956年にフランスに帰り、1961年、中佐で退役した。

　GCI/5の操縦士たちがフェダラ上空で必死に戦っている間、アメリカ軍は長大な前線を越えて彼らの基地を攻撃し、多くの飛行機を地上で破壊した。空中では、これ以上の作戦行動継続はもはや不可能になっていたが、地上での抵抗は依然として強かった。

　11月10日までに、残ったフランス空軍部隊はメクネスまで後退した。事実上、敵戦闘機が地上に釘付けにされた状況のもと、アメリカ機はほとんど誰に邪魔されることもなく、ヴィシー地上軍を攻撃できた。11日の早朝、ヴィシー陸軍司令官ノゲス少将は戦闘停止を求め、戦いは終わった。11月13日、金曜日、双方は最終的な合意に達し、在アフリカのフランス人はすべてふたたび同じ陣営の仲間となって、「休戦空軍」は消滅した。

　ヴィシーをまだ支持していた人々が、ドイツとの友好関係の真の性格について抱いていたかも知れない、いかなる幻想も、同じその日の朝に一掃された。ドイツ軍が、直接占領区域をフランス全土にまで拡大したのである。

chapter 6
イギリス空軍に所属して
with the RAF

　1940年6月の災厄のあと、ド・ゴールの呼びかけに最初に応じた勇気あるフランス兵たち、あるいは、とにかく何でもいいから戦いを続けようと決心した人々は、さまざまな冒険を経てイギリスへと脱出した。なかでも注目すべきは、ブルターニュで訓練学校の校長をしていたピノ中尉で、学校ごと出てゆくことを決め、1940年6月18日、漁船1隻を徴発し、訓練生108人、それに従軍司祭

隊名未詳のフランス部隊の翼端切断型スピットファイアLF IX。まず間違いなく1944年にイタリアかコルシカ島で撮影されたもの。

をイギリスに連れてきた。ほかの人々は単独でやってきたが、スペインやもっと遠くから迂回してきた人もいた。アルベール・リトルフのように、自分の飛行機で来たものも少数だがあった。これら寄せ集めの、大部分は低い階級の人々に、1940年7月1日「自由フランス空軍」（Forces Aériennes Françaises Libres＝FAFL）の名が与えられた。だが当初は飛行士の人数がきわめて少なかったため、彼らはフランス海軍の指揮下に入り、エミール・ミュゼリエ中将が総司令官となった［ミュゼリエ提督は海軍総司令官のままでの兼任］。FAFLにその名高い紋章「ロレーヌの十字」を与えたのは、ミュゼリエである。

　はじめ、ミュゼリエは全員が予備役将校からなる空軍参謀部の中枢人員から補佐されていたが、1941年2月、フランス領赤道アフリカからシャルル・ピジョー中佐が到着し、参謀長となった。彼は1942年1月、北アフリカで戦闘中に受けた傷により死亡する。

　ドイツに占領された他の諸国のように、正統政府がイギリスに逃れて、故国亡命者による抵抗運動を支援していた国々とは違い、フランス人の場合は、連合軍の陣営に加わる意志に著しく冷水をかける要素があった。実際、多くの隊員は、ヴィシー政府から死刑の宣告を下されたまま何年もFAFLに勤務していたのである。その結果、多くの操縦士が自分自身と、フランスにいる家族を守るため、仮名を使って戦った。

　1940年6月にはオーディアムに移行訓練所が創設された。だが、早く戦いたいと願うフランス人の性急さに加え、イギリス空軍の訓練方式が彼らのとは大きく異なるため、事故率は高かった。それでも何人かのフランス人操縦士はイギリス本土防空戦に参加したし、1940年8月には早くもFAFLの最初の爆撃部隊がオーディアムに設立された。フランスはドイツ空軍と戦ってその力を殺いだことにより、英本土防空戦ではすでにその役割を果たしていたのだと考えることもできよう。

　イギリス空軍部隊に加わったフランス人操縦士も多数にのぼった。なかでも最も有名なのが、ピエール・クロステルマンであることは間違いない。フランス空軍から33機（最近のイギリス側資料によれば、ほぼ15機）の撃墜を公式に認められたことで、彼はフランスの「エースの中のエース」となった。彼の初期のスコアは第341飛行隊であげたものだが、大部分は第602飛行隊時代に記録されたように思われる。戦後、クロステルマンはその業績を自著『』The Big Show』に述べている［原題は『Le Grand Cirque』、Flammarion、1948。邦訳は『撃墜王』、1952年、出版協同社］。

　イギリス空軍在籍のフランス人操縦士のなかにはジェームズ・ドニもいた。1940年6月、ほかの19人とともに、ファルマン222爆撃機でフランスから大胆な脱走をなしとげた人物である。操縦を学んだのは1929年で、当時34歳になっていたにもかかわらず、ドニは戦う機会を逃したと思っていた。ド・ゴールから直々に、カメルーンでの支持を集めるよう指示を受け、彼はエジプトに向かった。ついでギリシャを経て、西部砂漠で第73飛行隊に配属された。この部隊で、トブルク上空に戦うこと1カ月のあいだに、ドニは9機もの公認撃墜を果たした。その1機、4月23日に不時着したBf109Eには、ハンス＝ヨアヒム・マルセイユ曹長が搭乗していた……。

　ついで、ドニはシリアに行き、外交的手腕を発揮して、フランス人飛行士同士が戦う事態を避けるため尽力したのち、FAFLに戻った。戦後はブールジェ基地の司令を務め、1953年に退役した。

公認撃墜6機、不確実2機のエース、アンリ・ユゴー少佐が1943年遅く、アジャクシオで乗機スピットファイアから降り立とうとする。少佐のスコアはすべて1940年、フランス本土の戦いで、GCⅡ/7のMS.406に搭乗してあげたもの。コクピット出入り口の直後方に見える部隊マークに注目。

1942年8月19日、GCIV/2「イル・ド・フランス」（第340飛行隊）のベルナール・デュベリエが、乗機スピットファイアMkⅤB（BM324）のエンジンカウリングに最近描かれたばかりの個人マークに見入る。デュベリエはこの機で撃墜1、協同撃墜1、不確実1、撃破1の戦果をあげたが、このうち協同撃墜と撃破（どちらもDo217）はこの写真が撮影された当日、ディエップ海岸の上陸拠点上空で記録したものだった。

イギリス空軍に加わった最初のフランス操縦士たちの多くは、優れた業績をあげた。戦時中の仮名「モルレー」のほうがよく知られているジャン=フランソワ・ドモゼーは、1938年に召集されたものの、軍務に不適とされ、すぐ除隊になった。その後は民間操縦士をしていたが、戦争が始まると、イギリス空軍に通訳として勤務した。1940年6月の敗戦ののち、ドモゼーは放置してあったブリストル・ボンベイ輸送機を見つけ、兵士15人を乗せてイギリスへ飛んだ。戦闘機操縦士だと言い張ってFAFLに加わり、ついでイギリス空軍第1飛行隊に配属された彼は、その触れ込みをまさしく証明して見せた。彼の活動について、1941年8月9日付けで作成された報告書にはこう書かれている。

「素晴らしい勇気と技量の見本。7月12日、北フランスで低空に降下し、敵1機を攻撃、撃墜。7月17日、機雷を機関砲で撃沈。26日、7機目の敵機を撃墜。7月31日、ダンケルク沖で3機のBf109と交戦、2機を撃墜、1機を撃破し、8機目と9機目の撃墜戦果を収めた」

その後、ドモゼーはFAFL司令部と、Dデイ後はフランスで勤務したが、1945年12月19日、残念なことに、ビュック近くで飛行中の事故により死亡した。その死の時点で、彼は撃墜21機、不確実2機のスコアを公認されていた。大部分は第91飛行隊で得たもので、協同撃墜は1機もなかった。

最初のフランス人戦闘機部隊を創設する時期が到来したとき、新しいフランス空軍をつくるほうを望んでいた多くの人々の懸念をよそに決定されたのは、それらの部隊はフランス的特色をもつものになるにせよ、イギリス空軍のなかに組み込まれるということだった。こうして、リオネル・ド・マルミエ中佐（以前、ポーランド人からなるGCI/145に関わっていた）を指揮官とする第1戦闘機大隊が組織された。これは4個の小隊（プライト）で構成され、内訳は、第1（戦闘機）がD.520 2機、第2（爆撃機）がブレニム6機、第3、第4（ともに偵察機）がそれぞれライサンダー6機、それにコードロン・ルショル連絡機が2機だった。この部隊は失敗に終わったダカール遠征に加わり、その際、ルショルを失った。

イギリスでFAFLが設立されたのと時を同じくして、数人のフランス人飛行士がシリアからエジプトに渡った。彼らは「自由フランス飛行小隊」3個小隊を編成し、多くはフランス製機、それに少数のハリケーンなど種々雑多な飛行機を装備していた。この部隊は1941年、初期段階の砂漠戦でよく戦ったが、6月までには消耗しつくし、生き残った操縦士たちはイギリス空軍に編入された。彼らのなかで多分、最も有名なアルベール・リトルフは1941年5月5日、トブルク上空でBf109 4機を撃墜し、公認撃墜10機にまでスコアを伸ばした。さらに、その他のアフリカの自由フランス地区にも、いくつかの分遣隊が置かれていた。

FAFLが連合軍の戦列にとって実質のある加勢部隊へと変身したのは、マルシャル・ヴァラン中佐がイギリスに到着したことによる。1940年の敗戦のとき、

ヴァランはフランス軍事使節団の一員としてブラジルにいた。ヴァランはド・ゴールに加わることを選んだが、1941年4月になって、ようやくイギリスに渡ることができた。7月、ヴァランはFAFL参謀長に就任し、その見返りに、ヴィシー政府から欠席裁判で死刑を言い渡された。

シリアでの戦いが終わったとき、FAFLに加わることを選んだ人員はわりあい少なかったが、それでも、まったく新しいフランス飛行隊を目指して訓練を開始するだけの基盤は得ることができた。1941年末の時点で、イギリス空軍にはフランス人205人、チェコ人546人、ポーランド人1813人が勤務していたのに比べれば、FAFLの飛行士の数はわずかなもので(ヴァランのもとには186人の操縦士、17人の航法士がいた)、大したことのない存在に見えた。にもかかわらず、フランス人同士のあいだで多少の葛藤を経たあと、ヴァランは1941年末からイギリス空軍内にフランス人独立部隊を創設する全権を与えられた。彼らが何のために戦っているのかを銘記させるために、これらの部隊はドイツ軍占領下にあるフランスの州名にちなんで命名されることになった。まず戦闘機飛行隊からさきに設立することになり、ひとつの顕著な例外を除き、イギリスに基地を置いた。

GCIV/2「イル・ド・フランス」──またの名はイギリス空軍第340飛行隊──は1941年11月7日、ターンハウスで創設され、隊員のなかには在英のフランス海軍飛行士も何人か含まれていた。同月末には作戦可能となり、1942年4月から北フランスへ掃討出撃を開始した。

1942年8月のディエップ上空の戦いでは、この部隊で最も古参の隊員のひとりが最初の勝利を収めた[1942年8月19日、イギリス・カナダ連合軍6100名は英仏海峡に面するフランスのディエップ港へ強行上陸(「ジュビリー作戦」)を試みたが失敗、1027名が死亡、2340名が捕虜となった]。ピエール・ケナールという戦時仮名をもつ23歳のピエール・ロレス少佐が8月19日、2機のDo217を撃墜したのだ。ロレスは11月にFw190 1機を撃破、翌年3月9日にはもう1機を撃破した。同日、彼はさらに2機を撃墜、5日後にはル・トゥーケ上

厳密には戦闘機エースではないが、戦前の有名な飛行家兼作家だったアントワーヌ・ド・サン=テグジュペリは1944年後半、2/33飛行隊のF-5Aライトニングに搭乗して、南フランス上空への危険な写真偵察飛行にたびたび出動した。写真は出動を控えてタキシング中の彼の乗機。空軍予備役将校として、サン=テグジュペリは「まやかしの戦争」および「フランスの戦い」でポテーズ63やブロック174で偵察任務につき、休戦後に動員解除となった。アメリカで2年間過ごしたのち、彼は1943年6月、北アフリカの旧母隊に復帰し、二度出撃したところで実戦飛行不適と宣告された(もう43歳で、身体的条件も悪かった)。だが地中海方面米航空軍司令官アイラ・エイカー将軍に直訴して、ふたたび飛ぶことになる。あと5回の出動を許されたサン=テグジュペリは、バスティア基地から8回の任務飛行を果たしたのち、1944年7月31日、2機の前期生産型Fw190D-9により、サン・ラファエル沖の海中に撃墜された。遺体は発見されなかった。

カラー塗装図
colour plates

解説は98頁から

以下13ページにわたるカラー図は、第二次大戦におけるフランスの代表的エースに加え、5機またはそれ以上のスコアをあげながら、あまり知られていない幾人かの人々について、その搭乗機や軍装を示したものである。図はすべて本書のための描き下ろしで、飛行機側面図と部隊マークを担当したマーク・ロルフ、軍装を描いたマイク・チャペルは、著者の徹底的な調査に基づき、可能なかぎり正確を期そうと非常な努力を払った。ここに取り上げた側面図39例の大部分は、今までカラーで描かれたことがない。

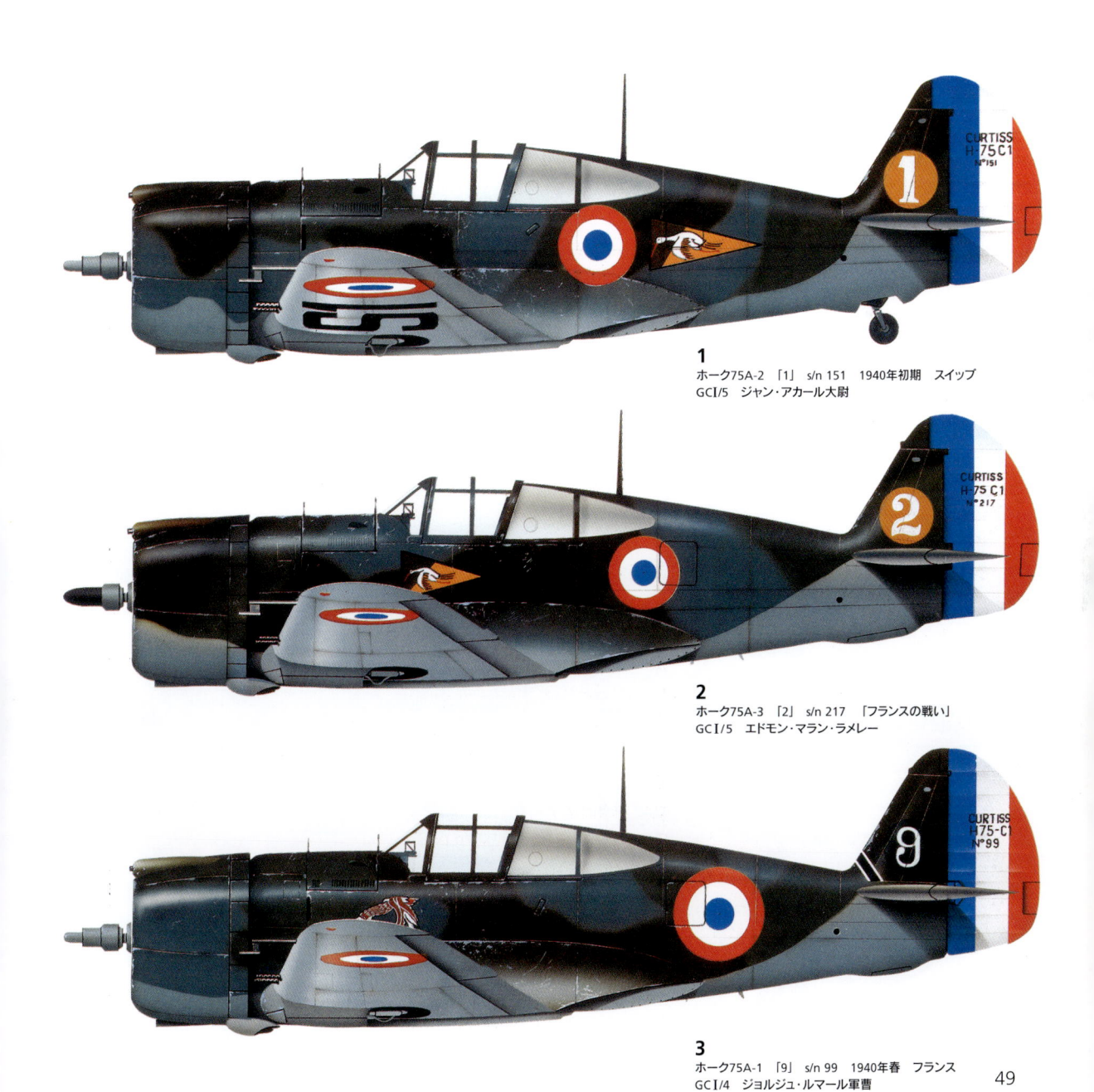

1
ホーク75A-2 「1」 s/n 151 1940年初期 スイップ
GCI/5 ジャン・アカール大尉

2
ホーク75A-3 「2」 s/n 217 「フランスの戦い」
GCI/5 エドモン・マラン・ラメレー

3
ホーク75A-1 「9」 s/n 99 1940年春 フランス
GCI/4 ジョルジュ・ルマール軍曹

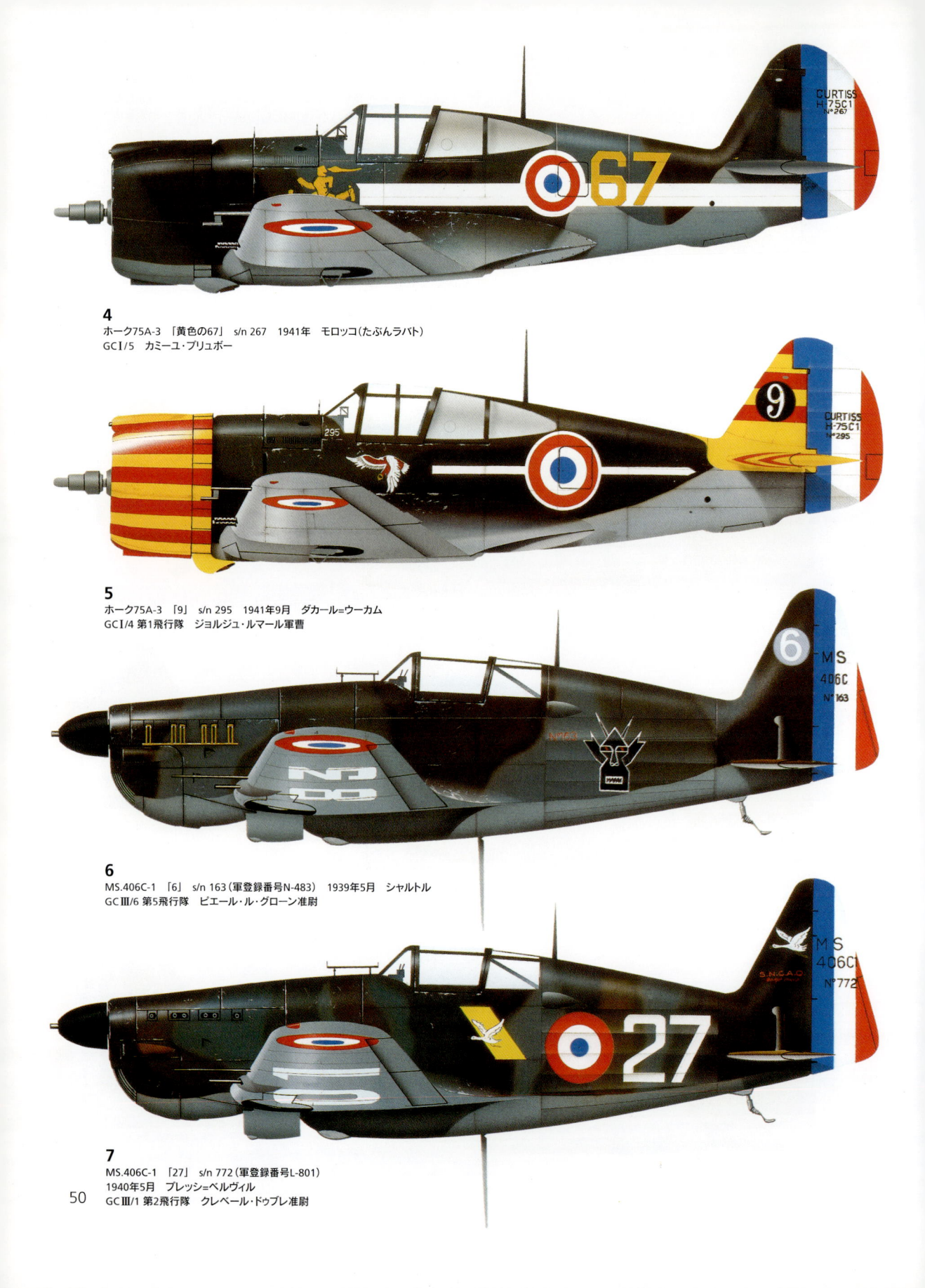

4
ホーク75A-3 「黄色の67」 s/n 267 1941年 モロッコ(たぶんラバト)
GC I/5 カミーユ・ブリュボー

5
ホーク75A-3 「9」 s/n 295 1941年9月 ダカール=ウーカム
GC I/4 第1飛行隊 ジョルジュ・ルマール軍曹

6
MS.406C-1 「6」 s/n 163(軍登録番号N-483) 1939年5月 シャルトル
GC III/6 第5飛行隊 ピエール・ル・グローン准尉

7
MS.406C-1 「27」 s/n 772(軍登録番号L-801)
1940年5月 ブレッシ=ベルヴィル
GC III/1 第2飛行隊 クレベール・ドゥブレ准尉

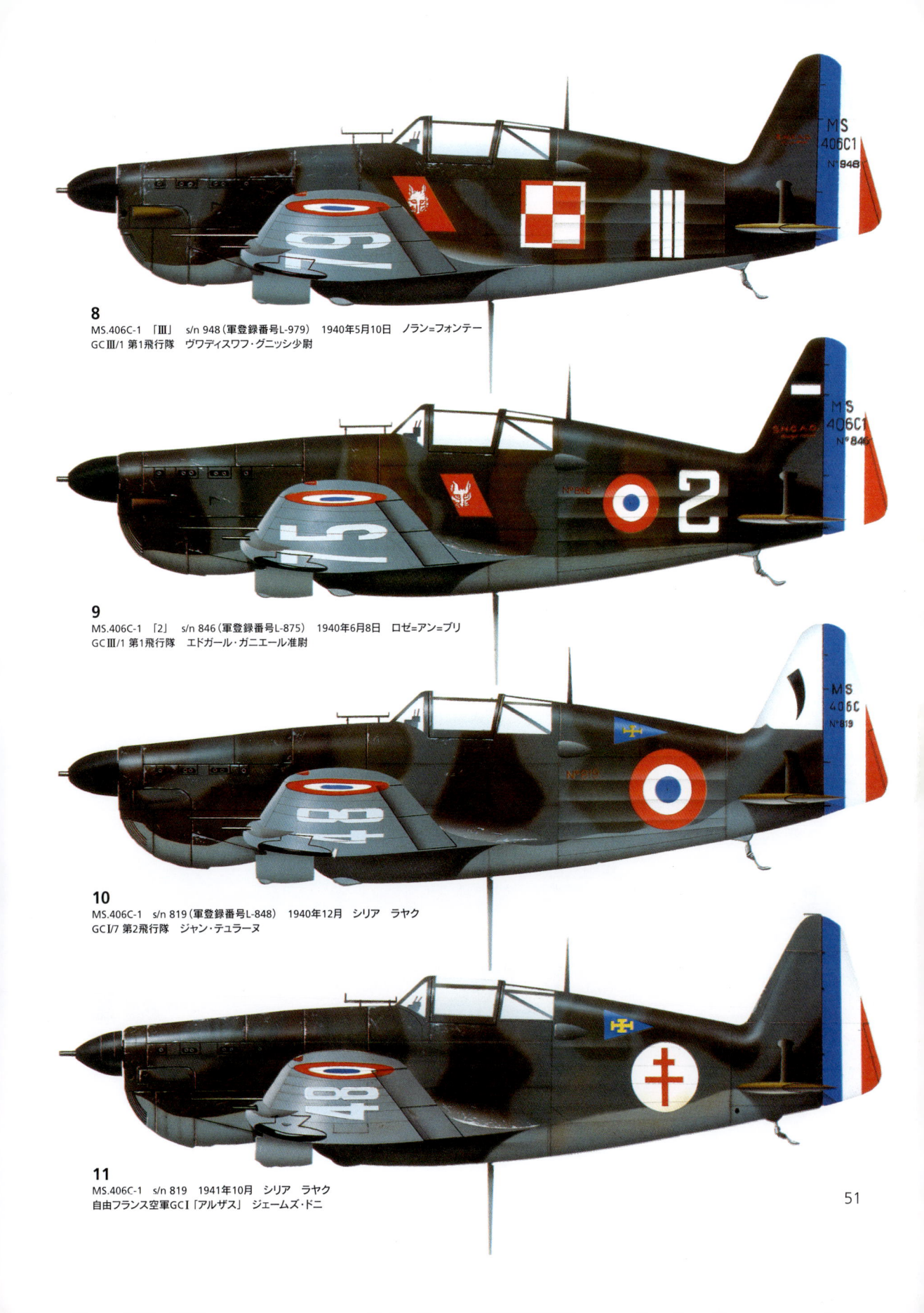

8
MS.406C-1 「Ⅲ」 s/n 948（軍登録番号L-979） 1940年5月10日 ノラン=フォンテー
GCⅢ/1 第1飛行隊 ヴワディスワフ・グニッシ少尉

9
MS.406C-1 「2」 s/n 846（軍登録番号L-875） 1940年6月8日 ロゼ=アン=ブリ
GCⅢ/1 第1飛行隊 エドガール・ガニエール准尉

10
MS.406C-1 s/n 819（軍登録番号L-848） 1940年12月 シリア ラヤク
GCⅠ/7 第2飛行隊 ジャン・テュラーヌ

11
MS.406C-1 s/n 819 1941年10月 シリア ラヤク
自由フランス空軍GCⅠ「アルザス」 ジェームズ・ドニ

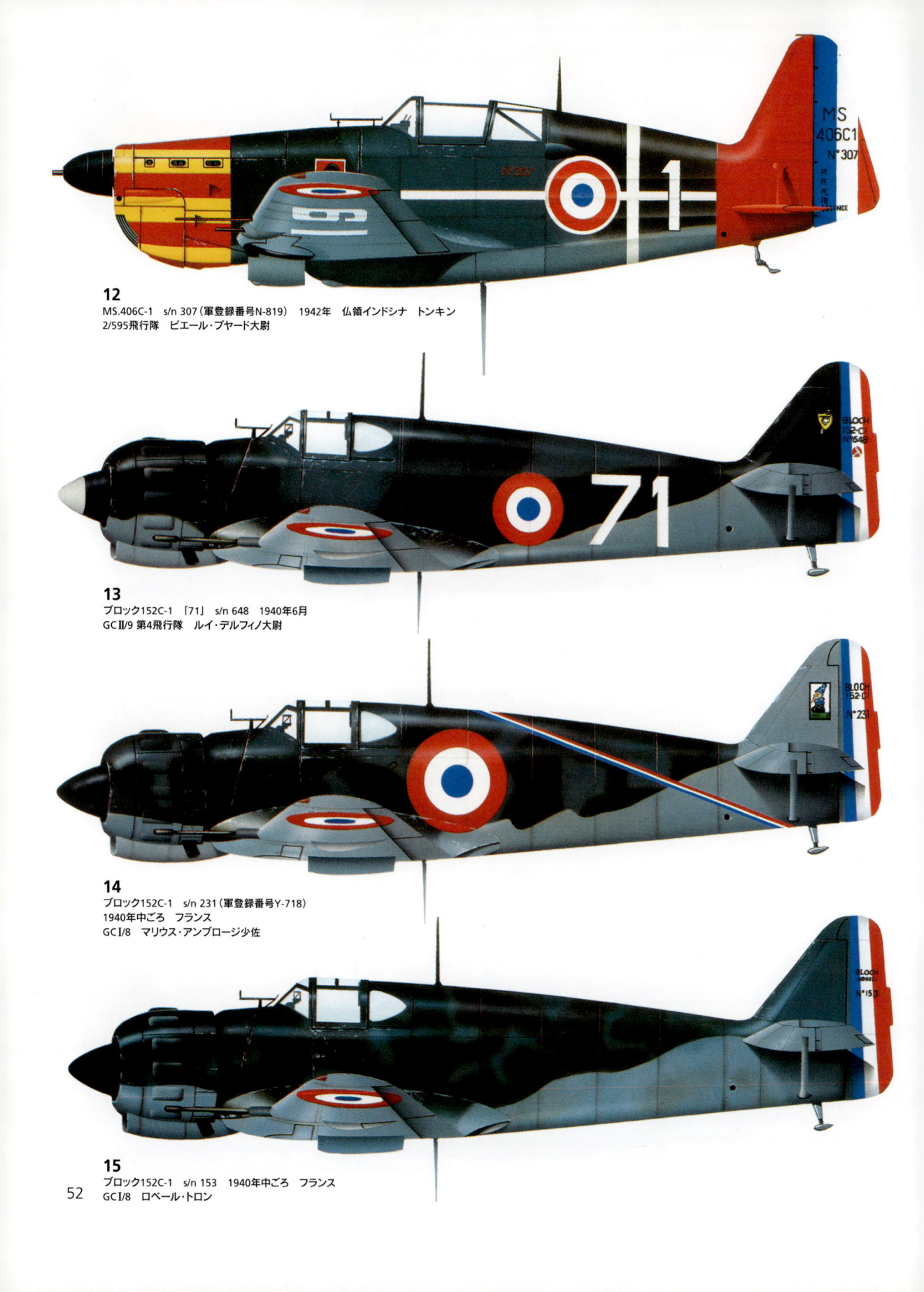

12
MS.406C-1　s/n 307（軍登録番号N-819）　1942年　仏領インドシナ　トンキン
2/595飛行隊　ピエール・ブヤード大尉

13
ブロック152C-1　「71」　s/n 648　1940年6月
GC II/9 第4飛行隊　ルイ・デルフィノ大尉

14
ブロック152C-1　s/n 231（軍登録番号Y-718）
1940年中ごろ　フランス
GC I/8　マリウス・アンブロージ少佐

15
ブロック152C-1　s/n 153　1940年中ごろ　フランス
GC I/8　ロベール・トロン

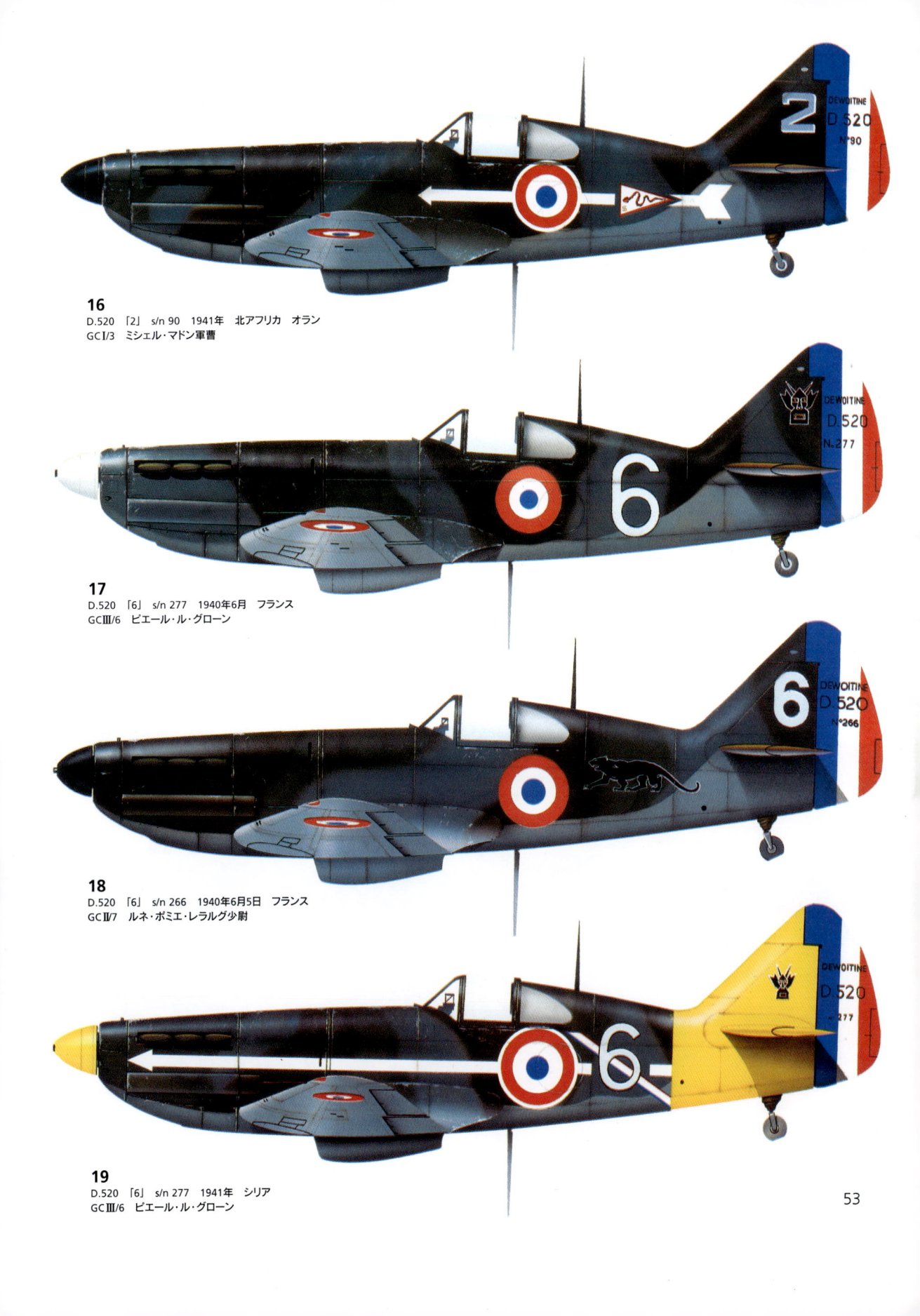

16
D.520 「2」 s/n 90　1941年　北アフリカ　オラン
GC I/3　ミシェル・マドン軍曹

17
D.520 「6」 s/n 277　1940年6月　フランス
GC III/6　ピエール・ル・グローン

18
D.520 「6」 s/n 266　1940年6月5日　フランス
GC II/7　ルネ・ポミエ・レラルグ少尉

19
D.520 「6」 s/n 277　1941年　シリア
GC III/6　ピエール・ル・グローン

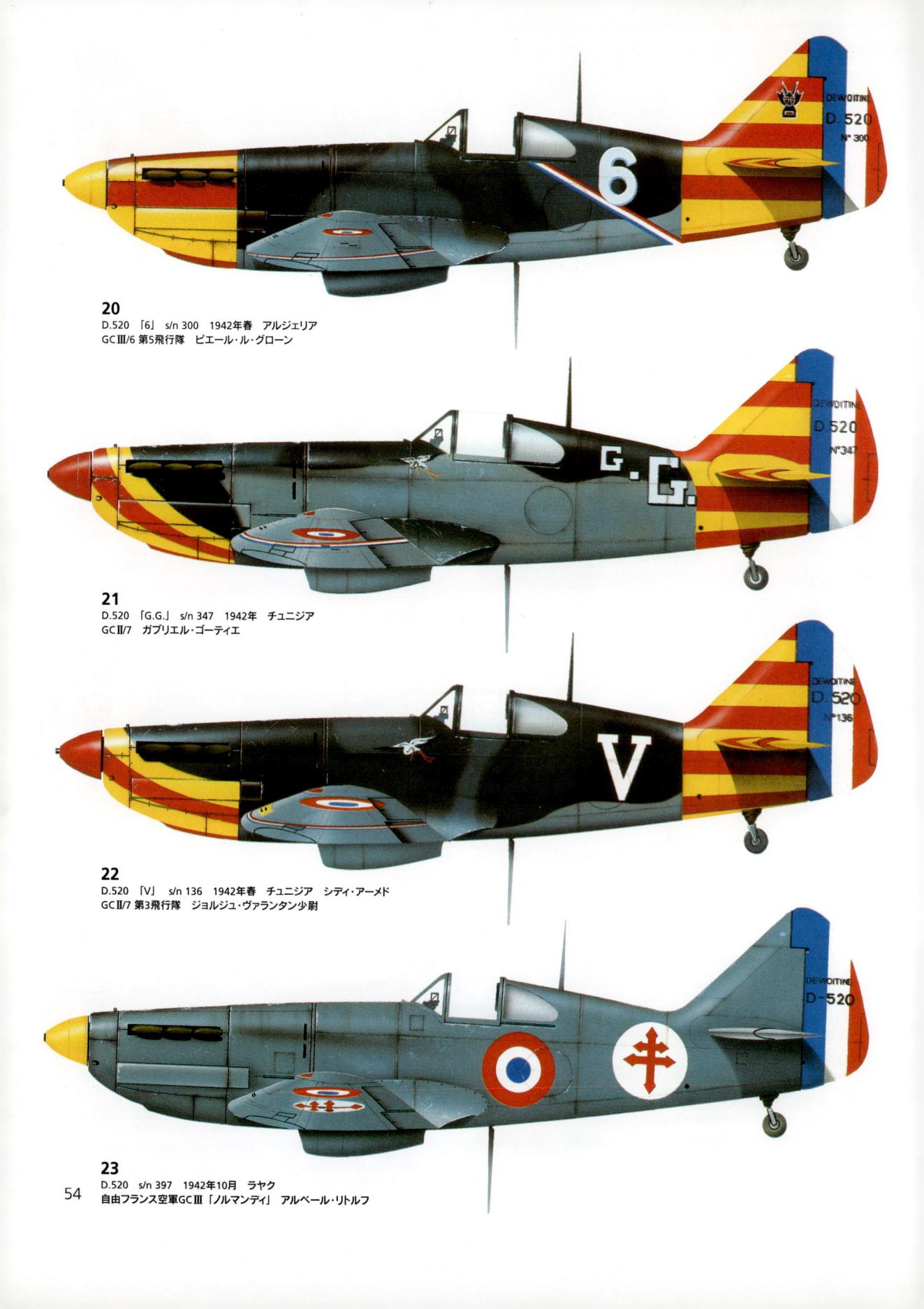

20
D.520 「6」 s/n 300 1942年春 アルジェリア
GC III/6 第5飛行隊 ピエール・ル・グローン

21
D.520 「G.G.」 s/n 347 1942年 チュニジア
GC II/7 ガブリエル・ゴーティエ

22
D.520 「V」 s/n 136 1942年春 チュニジア シディ・アーメド
GC II/7 第3飛行隊 ジョルジュ・ヴァランタン少尉

23
D.520 s/n 397 1942年10月 ラヤク
自由フランス空軍GC III「ノルマンディ」 アルベール・リトルフ

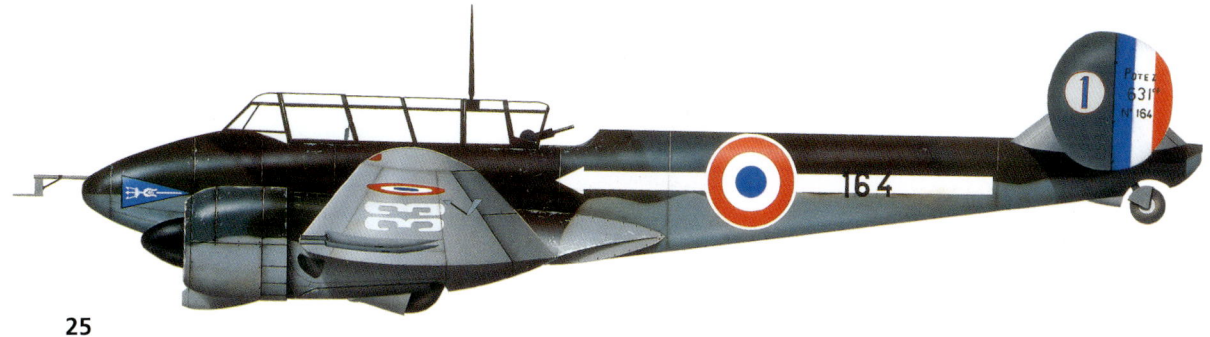

24
D.520 「G.G.」 s/n 347 1941年夏 チュニジア
GC II/7 ガブリエル・ゴーティエ

25
ポテーズ631 No.164（軍登録番号X-933） 1940年夏 フランス
ECN IV/13 ピエール・ブヤード

26
スピットファイアMk V B BM324 1942年8月19日 ホーンチャーチ
GC IV/2「イル・ド・フランス」（第340飛行隊） ベルナール・デュペリエ少佐

27
F-5Aライトニング s/n未詳［推定では42-13080］ 1944年春 コルシカ島 バスティア
GR II/33 第1飛行隊 アントワーヌ・ド・サン＝テグジュペリ

28
テンペストMkⅤ NV994 1945年4月 ホプステン(B.112)
第3飛行隊 ピエール・H・クロステルマン大尉

29
ハリケーンMkⅠ(Trop) Z4797 1942年5月 西部砂漠 フカ
自由フランス空軍GCⅠ「アルザス」 ジャン・テュラーヌ (アルベール・リトルフも使用した
可能性がある)

30
ハリケーンMkⅡ(Trop) 「S」 シリアル不詳 1944年 モロッコ
メクネス戦闘機学校(推定) カミーユ・ブリュボー中尉

31
Yak-1 「44」 1943年4月 ロシア イヴァノヴォ
GCⅢ「ノルマンディ」 マルセル・アルベール

32
Yak-1 「11」 1943年5月 ロシア オリョール
GCⅢ「ノルマンディ」 アルベール・デュラン

33
Yak-9 「14」 1943年10月 ロシア スラバダ
GCⅢ「ノルマンディ」 マルセル・ルフェーヴル

34
Yak-9 「60」 1944年6月 ロシア ドゥブロフカ
GCⅢ「ノルマンディ」 ルネ・シャル

35
Yak-9 「5」 1944年5月 ロシア トゥーラ
GCⅢ「ノルマンディ」 ロジェ・ソヴァージュ

36
Yak-9 「黄色の35」 1943〜44年の冬　ロシア　トゥーラ
GCⅢ「ノルマンディ」 ジャック・アンドレ

37
Yak-3 「1」 1944年12月〜1945年1月17日　東プロイセン
GCⅢ「ノルマンディ・ニエメン」第1飛行隊「ルーアン」 ルネ・シャル

38
Yak-3 「6」 1944年遅く　東プロイセン
GCⅢ「ノルマンディ・ニエメン」 マルセル・アルベール

39
FK.58 「11」　s/n 11　1940年6月　休戦直後
リヨン=ブロンまたはモンペリエの戦闘機学校で使用された機体

乗員の軍装
figure plates

3 GCⅢ「ノルマンディ・ニエメン」第三代司令
ピエール・プヤード少佐
1943～44年　ロシア

1 GCⅠ/5　エドモン・マラン・ラメレー少尉
1939年晩期　フランス

2 GCⅢ/6　ピエール・ル・グローン少尉
1941年5月　シリアへの途次、アテネ=エレウシスで

4
GC I/5のチェコ人エース
アロイス・ヴァサトコ大尉
1940年5月　フランス

5
GC III/2　ジョルジュ・ピゾット少尉
1939～40年冬　北フランス

6
GC IV/2「イル・ド・フランス」(第340飛行隊)
ベルナール・デュペリエ少佐
1942年中ごろ　ホーンチャーチ

1
SPA153「エジプトのハゲワシ」

2
SPA67

3
SPA155「プティ・プーセ」
［親指太郎］

4
SPA78

5
SPA73（コウノトリ）

6
GCIII/6 第5飛行隊

7
SPA88

8
SPA82

9
SPA84

10
SPA93

11
2/595飛行隊

12
C46

13
自由フランス軍紋章
「ロレーヌ十字」

14
ベルナール・デュペリエ少佐の
個人マーク

15
未詳だが、
多分モロッコ・メクネス戦闘機学校
のもの

16
GCII/9 第4飛行隊

17
マルセル・ルフェーヴルの個人マーク

18
GCIII/7 第6飛行隊

61

空で自身の最後の勝利となる5機目のスコアをあげ、エースとなった。ド・ゴール将軍と親しかったロレスは1940年6月24日、悲しみに打ちひしがれた両親を波止場に残し、ポーランド人亡命者を満載したボートに乗って脱出してきた人物だった。1941年5月、彼は、なぜ故国を捨てたかという問いに答え、多くの人々を代弁して次のように書いている。「なぜ私は去ったか？　なぜ私は愛するものすべてを、自分を幸せにしてくれたもののすべてを、残して来たのか？　それは私が依然、勝負はこれからだと思うからであり、我々に呼びかけたド・ゴール将軍が将来、我々の戦闘能力を必要とすると信じるからであり、そして、ドイツの占領下で生きるよりは、むしろ死を選びたいからである」。戦後、ロレスは『Aviation Magazine』を創刊し、1968年まで編集者を務めた。

　「イル・ド・フランス」隊員のうち、マルセル・アルベールやディディエ・ベガンら数人は、のちに「ノルマンディ・ニエメン」大隊で勇名を馳せた（ベガンはロシアで8機を撃墜したのち、1944年3月に古巣に戻って指揮官を務めたが、11月26日、対空砲火の犠牲となって戦死した）。1944年6月6日、Dデイ当日、「イル・ド・フランス」は上陸部隊の上空掩護を務め、また1945年2月以降は第2戦術航空軍に属したが、1945年11月25日にはフランス空軍の支配下に復帰した。

　イギリス空軍で2番目のフランス飛行隊、GCⅢ/2「アルザス」、別名第341飛行隊は、中東にあった自由フランス第2飛行小隊に起源を発している。この部隊ははじめ1941年9月、ジャン・テュラーヌの指揮のもとに結成され、北アフリカ戦線でよく戦ったのち、1942年3月、イギリスに送られることが決定した。だがここでロンメル将軍が登場したため［ロンメル指揮下のドイツ・イタリア軍は1942年5月26日、ガザラ線から連合軍への攻勢を開始、東進を続けてエジプトに入ったが、8月末、エル・アラメインとアラム・ハルファの戦いで敗れた］、1942年9月になって、ようやく隊員たちの帰還準備が整った。

　一方その間、ド・ゴールはソ連当局に対し、東部戦線にフランス人部隊を受け入れることを同意させていた。その結果、隊員たちは方向を変えてそちらに向かい、「アルザス」は別に1943年1月、イギリスでルネ・ムーショットの指揮のもと、第341飛行隊として再編成された。

　第341はスピットファイアを装備し、1943年3月にはビッギン・ヒルからフランスへの掃討出動を開始した。そして南イングランドに留まって同じ任務を続行し、Dデイには上空掩護を担当した。1944年8月にはフランスへ進出、翌月にはベルギーに移った。戦争末期には作戦行動の大部分は敵の地上軍相手のものだった。1945年11月8日、部隊将兵たちはフランス空軍に復帰した。

　イギリスで新しく飛行隊が編成されたときの最初の隊員のひとり、ミシェル・ブーディエは「イル・ド・フランス」勤務時代にすでに公認3機撃墜のスコアをあげており、「アルザス」では第2飛行隊(escadrille)――イギリス空軍に組み入れられてもなお、フランス人はふたつの「大隊」で、以前と同じシステムを維持していた――の指揮を任された。Dデイまでにブーディエはさらに公認撃墜4機、不確実2機をスコアに加えていたが、1944年7月9日、自身8機目の、また最後の勝利となるBf109を撃墜した直後、自分がアメリカ軍のサンダーボルトに撃ち落とされてしまった。3週間にわたって逃げ回ったあと、ブーディエはゲシュタポに捕まり、死刑を宣告された。だが彼の昂然たる態度は捕らえた者たちに感銘を与え、死刑の代わりに投獄されて、そのまま終戦を迎えた。1946年から2年間はインドシナで軍務に就き、帰国後は昇進を重ねて、1962年、第4戦術連合空軍(ATAF)付きの大佐で退役した。そして長い闘病ののち、

1963年、43歳で亡くなった。

　ミシェル・ブーディエの同僚のひとり、マルセル・ブーガンは、フランスのエースのうち、母国で操縦資格を取得していない稀な存在である。1941年9月、ブーガンはイギリス空軍で操縦記章を得、すぐに「イル・ド・フランス」に配属された。1942年12月1日、彼はシェルブール沖でFw190を1機撃墜し、最初の公認勝利を収めた。1943年1月末、ブーガンは新設の「アルザス」に移り、そこで5月から9月にかけ、さらに4機のスコアを加えた。1944年1月1日には大尉に昇進したが、3月9日、攻撃訓練中に、乗機スピットファイアに積んでいた爆弾が懸吊架のなかで暴発して死亡した。

　「アルザス」でも最も知覚鋭敏な隊員のひとり、ジャック・アンドリユーは1937年以来操縦士だったが、1940年のフランスでは戦いを経験しなかった。同年12月、ブルターニュから勇敢な脱出に成功、オーディアムに送られた。1941年9月、第130飛行隊配属となり、船舶攻撃に従事した。重武装した高射砲船が相手のことも度々だった。後年、彼は自分の経験を2冊の書物にし、そのひとつでこう述べている。「戦争で最も困難なのは、次の一日をまた始めることだ。」1942年夏、アンドリユーは勝負のはっきりしない戦闘をいくつか経験し、1943年2月28日、シェルブール沖で1機のFw190を撃墜して、最初の公認された勝利を得た。1944年6月、アンドリユーは「アルザス」に加わり、終戦までに撃墜公認6機、不確実4機のスコアをあげた。彼は戦争を生き延びたが、家族のもとに帰って見れば、父はナチスに処刑されていた。戦後、アンドリユーは最初のジェット機操縦士のひとりとなり、1970年に准将として退役した。

　イギリス空軍にいたフランス人は、ポーランド人などに比べれば数は少なかったものの、きわめて多能な人々だった。ベルナール・デュペリエは1909年生まれで、1939年に召集される以前、すでに操縦士として3年間の国民兵役を務めた経験があった。1941年、アメリカ経由でイギリスに脱出した彼はFAFLに加わり、イギリス空軍で業績をあげたのち、1942年4月、GC2「イル・ド・フランス」の司令となった。1943年1月までに、デュペリエは撃墜公認7機、不確実1機の戦果を収めた。そのあと使命を帯びてカナダへ派遣され、帰国後の1943年8月、第341「アルザス」飛行隊の司令に就任した。そしてしばらくの間、飛行隊司令のまま、ビッギン・ヒル航空団の指揮をも執り［航空団長アル・ディーア中佐の発病のため］、イギリス空軍の第一線航空団を指揮した唯一のフランス人となった。1944年8月、デュペリエ少佐はレジスタンスとの連絡のためフランスに落下傘降下し、2日後に負傷して、1年間の病院生活を送った。戦後は民間航空分野で精力的に活動し、「フランス航空クラブ」(Aéro-Club de France)の会長を務めた。

　ほかに、ふたつの戦闘飛行隊がイギリス空軍のもとに創設された。第329飛行隊、すなわちGCI/2「シゴーニュ」と、第345飛行隊、別名GCII/2「ベリー」である。どちらも、以前北アフリカでヴィシー空軍に勤務していた人員を集めて1944年初頭に創設され、スピットファイアを装備した。GCII/2（第345飛行隊）を指揮したのは剛勇ジャン・アカールで、1944年12月、アメリカ勤務となるまでその職にあったが、それ以上スコアを増やすことはなかった。

　かつて1937年当時、GCI/5でアカールの下にいたレオン・ヴィユマンも「ベリー」に加わり、飛行隊長となった旧上官に再会した。さかのぼって1940年5月11日、このふたりにフランソワ・モレルが加わった「パトルイユ」[3機編隊]は協同してHe111を1機撃墜していた。3人とも「フランスの戦い」でエースとなっ

たが、モレルは撃墜公認10機、不確実2機の記録を残し、5月18日に撃墜されて戦死した。ヴィユマンは第345飛行隊に加わったとき、1942年8月28日にポール・リョーテー［現・ケニトラ］沖で落としたウェリントン1機を含め、公認撃墜11機、不確実4機のスコアをあげていたが、345飛行隊は主として地上攻撃を担当したため、彼のスコアがイギリス空軍でそれ以上増えることはなかった。ヴィユマンは1962年3月に中佐で退役し、1974年10月10日に死去した。

chapter 7
ソビエトの空
in soviet skies

　ロシアの地こそは、自由フランス飛行隊のなかでも最も勇名を馳せた部隊が務めを果たした場所だった。その部隊——FAFLのGCⅢとして知られることになる——は、正式には1942年9月1日、シリアのダマスカスで発足した。イギリスや中東に逃れた亡命者たちのうちの志願者が、プーリケン少佐の指揮のもと、この地に集まったのである。（次席指揮官はジャン・テュラーヌ少佐で、彼についてはあとで述べる。）部隊名は、FAFLの方針に合わせて「ノルマンディ」とすることがただちに決定した。
［この項全般について、本シリーズ第2巻「第二次大戦のソ連航空隊エース1939-1945」第2章が、よい参考となる］
　スターリングラード攻防戦の最中の1942年10月、彼らがロシアへ入るための細かい手続きを、ソ連政府がのろのろと処理しつつあったころ、操縦士たちはラヤクで、使い古されたD.520 2機を使って訓練を開始した。ついに11月11日、「ノルマンディ」の志願兵たちは3機のダコタ輸送機に分乗して、ロシアへの曲折に富んだ旅路についた。ロシアの冬のさなかの11月29日、彼らはようやくイヴァノヴォの訓練基地に到着した。そこでロシア人はフランス人操縦士たちに約束した通り、装備機についてはソ連機、イギリス機、アメリカ機のどれでも好きなものを選ぶよう申し出た。
　決めたのはジャン・テュラーヌだった。いくつかの機種に試乗したのち、D.520を偲ばせる優れた運動性を備えているという理由で、彼はYak-1を選び、ロシア人たちを大いに喜ばせた。複座のYak-7を使って、転換訓練がただちに始まった。プーリケン少佐はモスクワ駐在フランス軍事代表部員に転出したので、1943年2月22日、ジャン・テュラーヌが司令に就任した。その直後、大隊は作戦行動可能となった。
　ジャン・テュラーヌの名はフランス戦闘機エースのリストには現れない。だが、彼の人格が「ノルマンディ」大隊に与えた影響に触れぬことには、この物語は不備のそしりを免れまい。
　1912年10月27日生まれのテュラーヌは、父親とふたりの叔父がみな操縦

士だった。父親は1929年、着陸時の事故で亡くなったが、テュラーヌは自分もまた操縦士になろうと決意した。1933年に操縦資格を得ると、操縦士として抜群の才能を発揮し、1年間、教官を務めた。フランスを守る戦いのときは、シリアでGC I/7の第2飛行隊長を務めていたため参加できなかったが、ヴィシー政府の命令に従うことを拒否、1940年12月5日、みずから「海上で行方不明」になったように演出して、パレスチナへ飛び、FFLに加わった。イギリス空軍で実戦勤務したのち、彼は「ノルマンディ」の基幹となった人々の多くを結集させる上で大きな役割を果たした。テュラーヌの優れた操縦技術と外交的手腕は万人の認めるところで、結局、彼を部隊指揮官の座へと導くことになった。

1943年3月22日、赤軍の大攻勢開始と時を同じくして、新編「ノルマンディ」大隊のYak-1はモスクワ南西のポロトニャーヌイ゠ザヴォート実戦基地へ向けて飛び立った。4月5日、ペトリャコフPe-2爆撃機を護衛中、ブレジオジとデュランはそれぞれ1機のFw190を撃墜し、これがフランス操縦士がロシアで収めた初の勝利となった。アルベール・デュラン少尉はもと所属していたGC III/1で1940年5月10日、部隊最初の勝利（He111 1機）をあげ、そのあと公認撃墜3、不確実1を追加したのち、FFLに参加するため1941年10月14日、マルセル・ルフェーヴルおよびマルセル・アルベールと一緒にオランの兵営から脱走してきた人物だった。イギリスで「イル・ド・フランス」に属して数多くの作戦に参加したあと、彼はロシアで自分の武運を試してみることにした。ロシアでデュランはさらに公認撃墜6機を加えたが、1943年9月1日に戦死した。

ピエール・ブヤード少佐が乗機Yak-9の前で、ロシア人整備員ふたりとともにポーズをとる。ブヤードは「ノルマンディ」部隊の第三代司令となった。

ロシア人戦友たちの祝福をうけて、「ノルマンディ」の士気は高かったが、4月13日、テュラーヌの率いる9機はFw190 8機に襲われた。格闘戦のなかでドイツ機3機が撃墜されたが、ヤクも3機が炎となって墜落し、乗員3人（デルヴィル、ポズナンスキ、ビジアン）はみな死んだ。テュラーヌは隊員たちを一刻でも早くふたたび戦場に投入することで、士気を取り戻す必要があると感じ、ソ連軍親衛部隊との協同作戦の手はずを整え、4月を通じて戦闘機による掃討や爆撃機護衛作戦を実行した。テュラーヌみずから日に3回か、それ以上も出撃し、大隊がコジエルスクに移動した5月20日までに、「ノルマンディ」は公認撃墜8機の勝利を収めたが、もうひとりの操縦士が捕虜となって失われた。

ついで大隊はハティオンキに移動し、ソ連親衛第18戦闘機連隊と肩を並べ

1943年はじめ、イヴァノヴォから発進したマルセル・アルベールが冬季迷彩を施した乗機Yak-1M「44」で飛んでいるところをとらえた珍しいショット。この迷彩は同年4月まで塗られていた。

て戦った。フランス操縦士たちは飛行場から4kmほど離れた村に宿営したが、ジャン・テュラーヌだけは自分の飛行機の近くの防空壕に入り、警報発令の際には一刻も速く離陸できるよう備えていた。ほかの操縦士たちが早朝の哨戒飛行のため飛行場に着いたときには、テュラーヌはもう準備を整えて待ち受けていて、することがなくて苛立っているのが常だった。

戦線にわりあい静かな雰囲気が訪れていた6月9日、増援の操縦士9人がピエール・プヤード少佐に引率されて到着した。2週間後、テュラーヌは彼の初の公認戦果となるFw190 1機を撃墜し、部隊のスコアを伸ばした。7月5日にはYak-9が初めて支給され、大隊の意気はあがり、また10日のクルスク戦開始を前に、乗員たちが新型機に慣熟する時間の余裕が得られた。

大隊は7月12日、ドイツ軍前線空襲に向かうPe-2の2個編隊を14機のYak-9で護衛して、最初の出撃を行ったが、何事もなくて終わった。翌日、大隊はツインの橋の攻撃に向かう10機のIℓ-2の護衛に当たった。目標の上には24機のBf110がいて、ただちに防御のための環形陣を組んだ。続いて起こった混戦のなかで、アルベール・リトルフ大尉、アルベール・デュラン少尉、ノエル・カステラン少尉がそれぞれ1機ずつのドイツ機を撃墜し、ロシア側には損失はなかった。

カステランは仏独休戦のときはまだ飛行訓練中の身だったが、イギリスに逃れ、そこで操縦資格を得て、中東でジェームズ・ドニとともに数々の冒険を体験した。ロシアでの勤務を志願した最初の人々のひとりでもある。さきに述べた戦闘で落とした敵機は彼の3機目の勝利だった。イギリスで訓練の相手をしてもらった偉大な戦友アルベール・リトルフと、たびたび翼を並べて飛び、さらに公認撃墜4機を加えたカステランは、だが7月16日の出撃からリトルフともどもふたたび還らなかった。

7月は激戦の月で、大隊は日に何度も出動した。リトルフとカステランが失われた際の戦闘で、プヤードはJu87を1機、テュラーヌは自身3機目のスコアとなるFw190を1機、それぞれ撃墜した。わずか4日間のうちに「ノルマンディ」の操縦士たちは延べ112機が出動し、敵17機を撃墜したが、代償は大きかった。6人の操縦士が戦死し、そのなかには実戦出撃40回目のジャン・テュラーヌがいた。テュラーヌを最後に見たのはピエール・プヤードだった。

「数秒後、テュラーヌは無線で、我々の上の、ほとんど澄み切った夏空に数機のFw190がいると警報を伝えてきた。彼が太陽に向かって上昇して行ったとき、小さな白雲が我々の前に現れて、彼の姿を永久に隠してしまった」

ピエール・プヤードはそれまでに6機のスコアをあげていたが、テュラーヌの戦死に伴い、「ノルマンディ」の司令となった。大隊にはいまや戦える操縦士が9人しかいないと知って、ソ連当局は大いに驚き、許可のない限り、それ以上

の作戦行動をいっさい禁止した。

8月4日、大隊のフランス人整備員はロシア人に交代した。フランス人たちは仕事の厳しさや生活条件、言葉の問題などで疲れ切ってしまい、こうすることが必要になったのだった。だが一方、操縦士の交代要員は部隊に次々と到着しつづけていた。8月のあらかたは訓練と、スモレンスクの新基地への移動のために費やされた。この月の終わりには、大隊のスコアは実戦5カ月間で公認撃墜42機に達していた。

哨戒飛行中のレオン・ウグロフを、ロジェ・ソヴァージュが撮った1枚。1945年3月、東プロイセン、ケーニヒスベルク上空約4000mでの写真。ロシア系だったウグロフは1945年1月から3月までに7機のスコアをあげたが、のちの1947年7月、モスキートに乗っていて墜死した。ウグロフがこのとき操縦しているYak-3「1」は、ルネ・シャルが1945年1月17日に戦傷を負って入院するまで使用していた機体。

9月4日には3機のJu88が獲物に加わった。撃墜者のなかには、マルセル・アルベールとアルベール・デュランの優れた友人であるマルセル・ルフェーヴルがいた。この3人は1941年12月14日に一緒にオランから脱出し、みな同時にロシア行きを志願した仲間だった。ルフェーヴルは1943年5月2日になって、ようやく初撃墜（ソフォノヴォ上空でHs126を1機）を記録したが、すぐに、大隊でも最高の操縦士のひとりであることを身をもって証明した。11月までに、彼は公認撃墜11機（12機説も）の戦果を収めたのである。大隊が冬に備えて、最初にいたイヴァノヴォ基地に戻ると、ルフェーヴルは（マルセル・アルベールとともに）新着操縦士の訓練を請け負い、優れた教官でもあることを示した。1944年5月、ルフェーヴルたちは前線に復帰したが、あらたな戦闘にまだ出ぬうち、同月28日、ルフェーヴル機は試験飛行中に突然火を噴いて、トゥーラに墜落した。彼はコクピットから助け出されたものの、大火傷を負っていて、ついに回復せぬまま6月5日に死亡した。26歳だった。

1943年10月、ピエール・プヤードは新たな義勇兵を募るため北アフリカに派遣された。彼がその任務に成功したことは、1944年1月に戦列に加わった人々の名前をいくたりか見れば知れる。カルボン、メルチザン、ソヴァージュ、マルタン、マルキらで、全員がエースとなった。1月16日にはプヤード大佐も戻ってきた。続いて2月にはさらに8人の操縦士が加わり、その中にはロベール・イリバルヌがいた。

1918年9月27日生まれのイリバルヌは、戦争が始まったときはオランのGCI/9にいたため実戦参加の機会はなかった。やがて「ノルマンディ」に志願した彼は、1944年6月に戦線に出、数日のうちにFw190を1機撃墜した。イリバルヌはその夏中、そして冬まで飛び続け、1月18日までに公認撃墜7機（すべて戦闘機）のスコアをあげたが、1945年2月11日の出撃で、東プロイセンのツィンテン西方のどこかで行方不明となった。

新しく入ってくる操縦士の数が増えたため、1944年2月7日には大隊を分割して飛行隊を編成することが可能になった。第1飛行隊は「ルーアン」、第2は「ル・アーヴル」、第3は「シェルブール」と、それぞれ命名され、4月に増設された第4飛行隊は「カン」となった。

2月16日、大隊は、GCIII/2「アルザス」に復帰するためイギリスに戻るディディエ・ベガン大尉の出発を見送った。8カ月の戦闘で、彼は公認撃墜8機を記録していたが、これにスコアを積み足す前の11月26日、対空砲火を浴び、火

1945年6月20日、故国フランスに帰還直後、ブールジェで乗機Yak-3の前に立つロベール・マルキ［マルシと読むのは誤り］。彼のスコアを示す13個の撃墜マークがコクピット直後方に描かれている。国籍マークの星のプロポーションが少々おかしいことに注目。

だるまとなって撃墜され戦死した。こうしたことはあったが、シャル兄弟やジョルジュ・ルマールをはじめ、さらに操縦士が増えたことで「ノルマンディ」は活気づき、1944年5月には改良型のYak-9に機種を改変した。

6月23日、赤軍はポーランド国境ヴィーテブスクに向けて攻勢を開始した。大隊は最初の二、三日、ほとんど活動しなかったが、26日にはプヤードとルネ・シャルがBf109をそれぞれ1機撃墜して、ふたたびスコアを伸ばし始めた。その日の夕方、ヤク2個編隊を投入した大規模な作戦が実施された。ひとつはプヤード率いる21機、続いてデルフィノの率いる17機だった。彼らは12機のFw190に遭遇し、8機を撃墜、代わりにヤク2機を失った。

リトアニアのミコウンターニへ移動した際のこと。ド・セーヌという名の操縦士が、自機の整備主任を自分の後ろの機胴内に乗せて飛んでいた。ところが燃料がタンクから漏れて、有害な気化ガソリンがコクピットに充満した。落下傘を持っていない整備員を見捨てて機外脱出するに忍びなかったド・セーヌは、不時着を試みたものの、ふたりとも死亡した。この操縦士の勇敢な行為は、ロシア人たちの心に深い感動となって刻まれた。

7月28日から戦闘は激化し、「ノルマンディ」は、ニエメン川［ソ連西部の川。ネマン川とも］を渡河する地上部隊の上空掩護を任された。敵戦闘機の攻撃と対空砲火にさらされながらも、彼らはFw190を2機、Ju87を1機撃ち落とした。Ju87を撃墜したのはジャック・アンドレで、対空砲火を浴びながらこの急降下爆撃機を追いかけ、撃墜を確信できぬまま基地に帰り着いたものの、彼の乗機Yak-9は二度と飛べなくなっていた。

アンドレは15歳の誕生日以来のパイロットで、軍歴の初めのころの大部分は飛行教官として過ごした。初の実戦体験はGC II/3にいた1942年5月18日で、イギリス空軍のカタリナ飛行艇1機をオラン沖で撃墜している。「ノルマンディ」での次の撃墜は7月30日に記録、結局、終戦までに公認撃墜16機、不確実4機のスコアをあげ、ソ連邦英雄金星章を授与された。1988年4月2日に亡くな

った。

　7月の終わりにあたり、プヤード大佐は部下たちに、大隊が6月末までに86機を確実に撃墜し、またニエメン川上空掩護に大隊の果たした功績を認めたスターリンが直々、大隊に「ノルマンディ・ニエメン」の名称を贈ったことを報告した。8月1日、Yak-9のスピナーには赤・白・青の3色塗装が施され、同月末には高性能を誇るYak-3の配備が始まった。9月半ばに大隊はアントノヴォに前進したが、悪天候に飛行を阻まれて、空戦の機会は稀だった。レオン・キュフォーは9月30日、2機のBf109をスコアに加えたが、うち1機については不確実だったため、エースとなるのはFw190 1機を撃墜した10月16日まで待たなくてはならなかった。10月末までに、キュフォーは公認撃墜13機、不確実4機を記録した。戦後はフランス空軍でおもに海外に勤務し、1962年1月20日、准将で退役した。

　敵機の数が減り、「ノルマンディ・ニエメン」隊員たちはフランスに戻りたいという気持ちになりはじめたが、10月13日、新たな攻勢が開始されたため、彼らはその部署に留まることになった。姿を消していたドイツ空軍機は、戦闘3日目に突然、ふたたび大挙して出現し、東プロシアの上空で繰り広げられた激戦のなかで、「ノルマンディ・ニエメン」は最大の戦果を収める日を迎えた。24時間のあいだに大隊は延べ100機が出撃、計126機のソ連軍ボストンとPe-2爆撃機を護衛して、敵機撃墜確実29機、不確実2機、撃破2機を記録した。「ノルマンディ・ニエメン」と爆撃機の側には、1機の損失もなかった。

　10月を通じて、大隊は戦闘に忙しかった。18日にはジョゼフ・リッソが公認10機目のスコアとなるヘンシェルHs 129を1機撃墜した。リッソは1940年6月、休戦になると、ただちに連合軍側に身を投じる決意を固めた。駐留していた北アフリカで、彼はふたりの戦友とともに英領ジブラルタルへ飛ぼうと、飛行機を1機「借用」したが、不運にもスペインに不時着し、即座に投獄された。フランス大使館付き武官秘書の助けを受け、リッソは偽造の身分証明書をもらって脱走した。イギリスに着いたのち、珍しくも夜戦操縦士の訓練を受け、1941年に第253飛行隊に加わったが、もっと戦いに出たくて、「ノルマンディ・ニエメン」に志願した最初の人々のなかのひとりとなった。1943年7月16日に最初の勝利を収め、終戦までに公認撃墜11機、不確実4機のスコアをあげた。戦後も空軍に留まり、1971年に大将となって退役した。

　大隊は10月、ほとんど連日、複数機の撃墜を記録し、スターリンは24日、作戦指令のなかでその功績を称賛した。5日後、「ノルマンディ・ニエメン」はこの年最後の死亡者を出すことになるが、原因は戦闘ではなく事故だった。ジャン＝ジャック・マンソーは1944年夏以来「ノルマンディ・ニエメン」の隊員で、6月26日から10月24日までに、公認撃墜6機（すべて戦闘機）を記録していた。同月29日、彼はドイツ軍の旧前線で記念品漁りをしていて地雷を踏みつけ、片足を吹き飛ばされた。倒れたはずみにまた別の地雷に触れ、左腕がほとんどちぎれてしまった。病院にかつぎ込まれたものの、壊疽にかかって11月2日に亡くなった。26歳だった。

　12月12日には「ノルマンディ・ニエメン」で最も古参の隊員たちにフランスへの帰国許可が降り、ピエール・プヤードに代わってルイ・デルフィノが司令に就任した。

　1945年の年明けは悪天候のため、ほとんど飛べなかった。当時、大隊のスコアは公認撃墜202機に達していた。1月14日から天候は回復に向かい、それ

から数日で約36機のドイツ機が戦果に加わり、損失は操縦士ひとりだった。いまや「ノルマンディ・ニエメン」は東プロイセン領内深く、ケーニヒスベルク付近まで進出して行動していた。2月初めにはさらに多くの戦果が報告されたが、ロベール・イリバルヌが11日、未帰還となった。

大隊は2月20日、ヴィッテンベルクへ移動した。戦争が終末に近づいたことから、大隊の規模は次第に縮小されつつあり、この移動とともに2個飛行隊、搭乗員24人となった。3月はわりあい穏やかに始まった。プティ将軍が大隊を訪れ、2番目の大隊がトゥーラで編成されて、操縦士17人がすでに現地で訓練中であることを発表した。

3月27日、「ノルマンディ・ニエメン」は大隊にとって大戦最後の主要な戦闘のひとつを戦い、Fw190を3機、Bf109を2機、ピラウ付近で撃墜したが、モーリス・シャル少尉を失った。モーリスはともに大隊に勤務した二人兄弟の兄で、33歳での死だった。彼はまずスペインへ脱出したものの、そこで6カ月も投獄され、1943年12月にカサブランカに戻って弟のルネと再会、ともにロシアへ向かった。戦死時には公認撃墜10機、不確実1機を記録していた。

同じ戦闘で同僚のエース、フランソワ・ド・ジョッフル・ド・シャブリニャックも撃墜された。1940年6月、彼は自由フランス軍に参加しようと考え、オランの部隊から飛行機1機を盗んで逃亡を企てたが、捕まって監獄に入れられた。「トーチ」作戦により解放され、しばらくP-40に乗ったのち、1944年1月に「ノルマンディ・ニエメン」に加わった。ソ連でド・シャブリニャックは5カ月間に7機を撃墜し、最後の戦果をあげた翌々日、彼自身が酷寒のバルト海に撃墜されたのだった。驚くべきことに、彼はロシア兵に救助され、戦後はひとかどの冒険家になった。

4月7日、大隊はブラディアウへ移動、その6日後、地上でドイツ軍の砲撃を受けて、この大戦における最後の戦死者を出した。アンリ見習士官が弾片を浴びて死亡したもので、彼は皮肉にもその前日、「ノルマンディ・ニエメン」の最後の空中での勝利となったFw190 1機を撃墜したばかりだった。24日にはさらに搭乗員の交代要員が到着し、老兵たちには彼らが30日にフランスへ帰国することが告げられた。

1945年5月8日、ヨーロッパの大戦はついに終わった。しかし大隊は翌日まで警戒態勢を解かなかった。叙勲の式典やら、祝宴、乾杯、分列行進やらといったお祭り騒ぎに耐えたあと、大隊は戦争での協力への返礼として、自分たちの飛行機を故国に持ち帰れることを知った。彼らはそのようにし、1945年6月20日、37機のYak-3がブールジェに着陸した。飛行4534時間、869度の空戦で、彼らは273機を確実に、37機を不確実に撃墜したが、42人の操縦士が戦死、もしくは行方不明となった。「ノルマンディ・ニエメン」にとって、戦争は間違いなく終わった。

chapter 8

エースたち・その戦果
aces and victories

　フランスは第一次世界大戦で、世界で最初の戦闘機エース——ウジェーヌ・ジルベールとアドルフ・ペグー——を生み出した名誉を担っている。[空戦という]新しい戦争形態を承認し、その結果として当該搭乗員を顕彰するにあたり、細かい配慮がされた結果、搭乗員が「エース」の地位を獲得するために必要とされる空中勝利の機数を、フランス人はすみやかに公式化し、5機と定めた。この基準はフランス、イギリス、それにアメリカではおおむね受け入れられたが、他の国々では異なり、特に第二次大戦のドイツ空軍では、操縦士が「エクスペルテ(熟練者)」と認められるために必要な最低撃墜数は10機、もしくはそれ以上だった。

　エースになりたいと願う操縦士は、彼の[敵を撃墜したという]主張を証明できなくてはならなかった。第一次大戦のフランス搭乗員ならば、相手機の残骸、もしくは彼の主張を裏付ける地上の証人が必要だった。イギリス陸軍航空隊(RFC)とは異なり、搭乗員本人だけの独断や、「操縦不能におちいり落下」といった曖昧なものに対しては、「撃墜」は認められなかった。その結果、第一次大戦でのフランスの戦果報告は「確実」な撃墜についてのみを扱っている。

　だが第二次大戦のフランスでは、いくつかの理由から「不確実」な撃墜の主張も認められることになった。ただし、エースとなるために求められる総計撃墜機数には「不確実」は算入されなかった。協同撃墜は1機まるごとが各操縦士のスコアにプラスされた[参加者の頭数で割らずに]が、部隊戦果には1機が加わるだけだった。

　このことから、フランス操縦士のスコアは多くの場合、仮にイギリス空軍、アメリカ陸軍航空隊、あるいはドイツ空軍の基準に照らして集計してみるなら、それより多くなっていると言わねばならない。従って、フランス空軍のなかで各個人による本当の撃墜数を比較することは、さらに難しい。

　近年の調査は、第二次大戦のどの参戦国でも、空中撃墜数を確認することが、どれほど難しいかを示している。フランスの場合、1940年5月10日[西部戦線での電撃戦開始の日]までは、操縦士の撃墜報告の確認は、敵機がたいていフランス領土内に落ちたことから、わりあい簡単だった。だがその夏、地上で起こった出来事にともなう大混乱——その時期に、多くのフランスの戦闘機エースたちは名をあげたのだった——は、確認の作業をずっと困難なものにした。

　そうした理由から、ここにはフランス空軍戦史部の公式記録による勝利のスコアを示したが、それでもなお「フランスの戦い」当時のフランス操縦士たちの真の業績に関しては、依然論争がくすぶり続けている。だがフランスの飛行士たちは、遅れた戦術、高級司令部の無能、平凡な装備機材などのハンディキャップにもかかわらず、祖国のためにおおむね善戦したといってよい。「フ

ランスの戦い」は敗北に終わったが、敗れたのは地上の戦いでのことだった。

　1939年から1945年にかけての、多くのフランス戦闘機操縦士の経歴は、1940年のフランスの敗戦がもたらした複雑な政治状況のあおりを受けて、他のほとんどすべての参戦国のそれとは性格の異なったものとなっている。

　ヴィシー政府を設立したペタン元帥は、一夜のうちに国家を分裂させ、フランス人とフランス人を対立させた。フランス内部に「裏切り」があり、それがイギリスのダンケルクでの敗北やメルス・エル・ケビールでの「背信行為」をもたらした、といううわさ話が、多くの人々にペタン支持を選ばせる上で、どれほどの影響力があったかについては議論の余地がある。

　歴史は、ドイツへの協力者たちにではなく、不可解な将軍シャルル・ド・ゴールと、彼とともに戦った人々の挑戦のほうに微笑んだが、それでも厳密にいえば、ペタンを頂く政府こそ、フランスの正統な政府だった。戦争中、この状況は多くの苦渋をもたらした。ド・ゴール派に加わった人々は愛国者と讃えられるか、もしくは反逆者と罵られ、一方、国に留まってドイツ側で戦うことを選んだ人々は英雄と呼ばれるか、変節者のレッテルを貼られた——もしも彼らがのちに連合軍側に加わったならば、両方のことを続けて言われた。フランスの外部では、この不幸な状況はヴィシー側に立った人々への、ある種、愛憎矛盾する感情を生んだ——たとえ彼らがのちに自由フランスの戦列に加わったとしても。誰もが、自分が最善と考えるやり方で国のために尽くしていると信じていた、というのが、多分いちばん適切であろう。

　この大きさの書物では、数人のエースの人物像についてしか文章で描き出すことができない。以下に示すのは、彼らの多くが体験した日ごろの周囲の状況や出来事がどんなものだったかを理解してもらうために、独断で選んだ人々の小伝である。彼らの大部分が開戦時、下士官だったことは注目に価する。

ジャン・アカール
Jean Accart

　フランスで最も人気の高い戦闘機エースのひとり、ジャン・アカールは1912年4月7日、フェカンで生まれた。1931年に航海士の資格を得、フランスの大西洋横断航路の客船「フランス」と「イル・ド・フランス」に乗務した。1932年に兵役に召集され、巡洋艦「ブルターニュ」に乗り組んでいる間に、彼は海軍航空隊（Aéronautique Maritime）勤務を願い出、やがて1933年3月8日、アヴォールで陸上機操縦士の、6月3日にはウールタンで飛行艇操縦士の、それぞれ資格を取得した。しばらくCAMS37飛行艇に乗務したのち、アカールは空軍に移籍する道を選び、1936年1月、リヨン＝ブロンの第5戦闘機連隊勤務となった。開戦時はGC I/5のSPA67飛行隊の中尉として、ホークに乗っていた。

　この部隊は「フランスの戦い」で71機の空中勝利を収め、大尉に進級していたアカールはこのうち12機を確

GC I/5司令ジャン・アカール大尉が1940年5月13日、ハインケル爆撃機の後部銃手の応射を受け、いかに危ないところで負傷を免れたかを示している。6月1日には彼はこれほど幸運に恵まれなかった。どちらの場合も、ホークの風防に防弾ガラスが取り付けてありさえしたら、負傷せずに済んだであろう。

実に、4機を不確実に撃墜した。それより多分もっと重要で、またこの謙虚な人物を測る尺度となることだが、この部隊はただひとりの操縦士しか戦闘で失わなかった。

　アカールの戦闘機操縦士としての経歴は1940年6月1日で終わった。この日、チェコ人フランティシェク・ペリナ准尉を僚機としたアカールは、シャトールー付近で、作戦から帰還途中のドイツ空軍爆撃機の一群を迎撃するよう指示された。だが地上の基地との無線連絡がとれなかったため（フランスの無線装置と戦闘機誘導技術は最良とはいえないものだった）、彼はD.520のパトロール隊と合流して、バール空襲にやってきた別のドイツ機を迎え撃った。そして1機のHe111を攻撃中、敵の応戦銃火に撃たれ、1発の弾丸が両目の間に命中して、頭骨の中に留まった（戦闘機の風防に防弾ガラスがなかったことで、フランス空軍の払った犠牲は甚大なものだった）。アカールはわずかに残った気力でホークの機外に脱出、パラシュートで地上に着いたときは気を失っていて、その際、左腕と脚にけがをした。負傷療養中に仏独休戦を迎え、その後、サロン・ド・プロヴァンスで戦闘機訓練学校を創設する任務を与えられた。

　やがてフランス全土がドイツに占領されると、アカールはスペインに逃れた。はじめ投獄されたが釈放され、北アフリカに渡り、その地で、彼の経験を生かしたいと願う自由フランス当局者から戦闘機隊の創設を依頼された。彼はこれを引き受け、GCⅡ/2「ベリー」（別名・第345飛行隊）の指揮官となった。この飛行隊はスピットファイアを装備し、やがてノルマンディ、アルンヘム、そしてドイツの上空で目覚ましい働きをした。1944年12月、アカールはアメリカのフォート・レヴンワースにある幕僚学校に留学、1945年に帰国して空軍監察部勤務の少佐となった。戦後はNATOとSHAPE［欧州連合軍最高司令部］の要職をつとめ、1973年7月1日、大将で退役。1992年8月19日に死去した。

マルセル・アルベール
Marcel Albert

　公式記録ではフランス第2位のエース、マルセル・アルベールは1917年11月25日、パリの中流家庭に生まれた。ルノー社で働いて夜学と飛行練習のための費用を稼ぎ、1938年12月7日に空軍に入隊、戦争が始まったときはまだ高等訓練の最中だった。GCI/3に配属された彼は1940年5月14日、初めての敵機撃墜（Do17 1機）を認められた（彼自身はその前にBf109を撃墜したと信じ、これが最初だとしているが、公認はされなかった）。6日後にはHe111 1機の「不確実」撃墜が認められたが、次のスコアは1943年まで待つことになった。

　北アフリカで休戦を迎えたのち、1941年10月14日、彼はアルベール・デュラン、マルセル・ルフェーヴルとともにジブラルタルへ脱走した。3人は旅を続けてイギリスに着き、GCIV/2「イル・ド・フランス」（第340飛行隊）に加わり、この部隊でアルベールは北フランスへ47回の作戦出撃を行った。

　1942年8月、マルセル・アルベール見習士官は、ロシアで「ノルマンディ」大隊に勤務することを志願し、Yak戦闘機で戦った。彼はこの共産国製飛行機について、次のように書いている。

　「スピットファイアⅤ型より軽く、スピードも速くて、時速340マイル（550km）までは出せた。Fw190より運動性は良かったが、上昇力は恐らく向こうが上だった。エンジンはイスパノ＝スイザに匹敵し、決して故障を起こさず、プロペラ軸を通して撃つ機関砲が付いていた。私ははじめYak-1、ついでYak-9、Yak-

初期生産型D.520を背にした操縦士たち。プロペラを抱えているのはマルセル・アルベール軍曹で、GC I/3在籍中の1940年5月14日、この機体により1機を撃墜した。彼はこのあとロシアの「ノルマンディ・ニエメン」部隊で、さらに22機の勝利を収める。

3に乗ったが、ロシア人たちがどうしてこの順に型番号をつけたのか、いまだに分からない。とにかく、Yak-1と9では時速にして、ほぼ40〜50kmの差があった。Yak-9の平面形はメッサーシュミットにいくぶん似ていた。Yak-3はYak-9より航続距離が80〜90kmほど大きく、590〜690kmあった。火力はどれも同じで、機銃が2挺と機関砲が1門だった」

　1943年6月16日、アルベールはブルスナ＝メコヴァイア上空でFw189を1機撃墜し、ロシアでの初戦果をあげた。7月にはさらに戦闘機3機を撃ち落とし、エースとなった。9月には当時の東部戦線によく起こった数次の大空戦に加わり、その年の末にはアルベールの撃墜戦果は15機確実、2機不確実に達していた。さらに終戦までに8機を加え、すべて確認されている。終戦直後、アルベールは大使館付武官としてプラハに短期間勤務し、その後、空軍を去ってアメリカに移住した。

ピエール・ボワロ
Pierre Boillot

　ピエール・ボワロは1918年6月22日、レシーの生まれ。1938年7月7日に操縦免状を取得したプロの飛行士で、1939年5月、GC II/7 第4飛行隊に配属され、9月の開戦時にはリュクサーユに駐留していた。ほかの隊員たちと同じく、ボワロ軍曹も、彼らの作戦区域──リナウからバールに至るライン河岸──に基地をもつ、さまざまの部隊の偵察機の護衛にあたった。1939年11月、MS.406に搭乗していた彼は初めて敵機(Do17)と交戦したが、勝負はつかず、初めてスコアをあげたのは1940年4月20日、ベルフォール上空で2./JG54のBf109E 1機を撃墜したときだった。5月10日には初めてHe111 1機を協同撃墜し、翌日はJu88を1機、不確実ながら撃ち落とした。6月にはもう1機のHe111とDo17 1機をそれぞれ協同で撃墜し、エースとなった。その後GC II/7は北アフリカに後退し、そこでD.520に転換した。

同部隊はチュニジア防衛の責務を負って、1942年11月までその地に留まった。だが「トーチ」作戦のおかげで、同部隊は連合軍側に加わることができ、主として定期的な船団護衛と沿岸パトロールの任務についたが、ボワロはイタリアのマッキC.202 2機とBf109 1機をスコアに加えることに成功した。
　1943年9月、ようやくボワロ曹長と彼の部隊はコルシカ島進出を命じられ、その地から連合軍の南フランス上陸（「ドラグーン」作戦）の支援にあたった［実際に上陸作戦が開始されたのは翌1944年8月のこと］。10月にはボワロはアジャクシオ沖の海中に2機のJu88を撃墜した。1944年の秋から1945年春にかけ、少尉に進級していたボワロは退却してゆくドイツ軍をローヌ渓谷の上空から痛めつけ、さらに4機のBf109を撃墜して、その最終撃墜戦果を13機公認、1機不確実とした。戦後もボワロは空軍に留まり、アルジェリアでの実戦勤務を経て、1974年に大佐で軍務を退いた。

ルネ・シャル
René Challe

　ともにフランス空軍で武名をはせたシャル二人兄弟のうちの弟、ルネ・シャルは1913年6月6日、ブザンソンで生まれた。1935年にサン＝シール陸軍士官学校を卒業、モロッコの「植民地連隊」に配属されたが、1937年10月1日、空軍に移籍した。シャル少尉は25歳の誕生日に操縦資格を得て、数カ月後、MS.406装備のGC III/7配属となった。
　開戦のとき、シャル中尉（進級していた）は第5飛行隊長の副官を務めていたため、なかなか戦闘の機会に恵まれなかったが、ようやく1940年5月9日、ヴィトリー東でHe111を1機、不確実ながら撃墜した。5月15日、Do17の編隊との苛烈な空戦で、シャルは1機を撃墜した直後、右の肺に敵弾を受けて重傷を負った。乗機も火を噴いたが、どうにか機外に脱出して友軍砲兵部隊の近くに落下傘降下し、バール・ル・デュックの病院に運ばれた。そこから彼はフランス陸軍の崩壊を目のあたりにした。
　1942年11月に動員解除となると、シャルはフランスを去って、可能ならどの地からであろうと、ドイツとの戦いを再開することを決意した。1943年8月11日、兄モーリスも同道で、ふたりはスペインに脱出し、そこで最初は投獄された。12月、兄弟はカサブランカの自由フランス代表部に引き渡され、そこでロシアにいる「ノルマンディ」部隊への参加希望を表明した。後年、なぜこの部隊を選んだのかと『Icare』誌に問われて、ルネ・シャルはこう答えている。
　「1939年から40年にかけての戦いに参加した戦闘機操縦士は大勢いた。その多くが、より高等な戦術を身につけた今、ドイツ空軍に借りを返してやりたいと願っていた。その他の人々は、さまざまな理由から戦うことができない運命にあった。ソ連最高司令部が、フランス人操縦士にフランス人部隊として戦うことを認め、またドイツ軍相手に効果的に戦えるよう、最高の機材を提供しようと申し出てくれたことは、私たちにとって復讐を果たすためのこの上ない機会だった」
　こういう意気込みで、兄弟は1944年3月18日、トゥーラに到着した。新しい仲間たちに温かく迎えられ、彼らはYak-9で訓練を始めた。6月26日、ルネ・シャルはソ連に来て初めて戦闘の機会を得、ヴィーテブスク西方約50kmで1機のBf109を撃墜した。だがシャル大尉が真に復讐の機会を得たのは10月のことだった。10月10日から22日までの12日間に、彼は3機のFw190と2機の

Bf109を撃ち落とし、エースとなった。

　12月16日、シャルは第4飛行隊長から第1飛行隊長に転じ、この地位で1945年1月17日、東部戦線における彼の最後の出撃を行って、グムビンネン北東でFw190を1機撃墜した。彼にとって9機目の、かつ最後のものとなったこの勝利は、最初の撃墜のときに匹敵するほどの代償を彼に強いる結果を招いた。数的劣勢のなかで、シャルは別のFw190に撃たれ、左腕に重傷を負ったにもかかわらず、どうにか味方戦線に帰り着き、自分の基地に着陸することに成功した。腕を切断しなくてはならぬという軍医に、シャルは必死で抵抗し、結果としては、彼の訴えのほうが勝利を収めた。

　フランスが解放されると、シャル少佐は新しいフランス共和国暫定政府に勤務した。戦後は指揮および教育面での重要ポストを歴任し、最後はフランス空軍監察部の幕僚となって、1964年、大佐で退役を迎えた。

ルイ・デルフィノ
Louis Delfino

　やはり「ノルマンディ・ニエメン」に勤務したエースで、また不運なブロック152戦闘機で戦果をあげた数少ない操縦士のひとり、ルイ・デルフィノは1912年10月15日、ニースの生まれ。幼くして父親を第一次世界大戦で失う悲しみに遭遇した。ルネ・シャルと同じく、サン・シール[陸軍士官学校]を卒業、1933年9月1日に少尉に任官して空軍に加わり、1934年7月27日には操縦資格を得た。最初は偵察機部隊に配属されたが、1938年、フランスが戦争準備を始めたのを機に戦闘機隊への転属に成功し、ランスのGC I/4に加わった。1939年8月27日(このときには大尉で大隊副官を務めていた)から「まやかしの戦争」の日々を、デルフィノはずっとウェ=トゥイシーで送り、ほとんど戦うことはなかった。

　5月10日、GC I/4はダンケルク=マールディクに移動し、翌日、1機のHe111を8人の操縦士で寄ってたかって撃墜したが、その中にルイ・デルフィノもいた。同じ日、彼はBf109 1機の不確実撃墜を認められ、13日にも同じ戦果を収めた。17日、デルフィノはビュック駐留のGC II/9 (ブロック152装備)の第4飛行隊長に転出し、パリ防衛に当たることとなった。わずかな暇を見て、彼は自分の新しい部隊のために有名な「Morietur」の隊章[親指を立てて握った拳を下に向けたもの。古代ローマで「殺せ！」の合図]を考案もした。26日、デルフィノはBf109とHs126をそれぞれ1機撃墜し、スコアを伸ばすことができた。ついで6月5日から10日までの5日間に、He111を1機、Hs126を3機撃墜、さらにDo17も1機、不確実ながら撃墜して、合計スコアを公認7、不確実3とした。こうしたフランス戦闘機操縦士たちの英雄的な努力はあったものの、地上で起きたさまざまな出来事の結果は、6月22日の休戦となった。

　その後2年間、デルフィノは誠実に部隊勤務を続け、1942年5月29日、ダカールに駐留していた原隊、GC I/4に復帰した。この時期のデルフィノの唯一の戦果は1942年8月12日、彼と第2飛行隊が協同して、イギリス空軍のウェリントン爆撃機1機をダカール沖に撃墜したものだった。「トーチ」作戦のあと、1943年1月5日、自由フランス軍のジロー将軍はGC I/4を訪れ、同部隊を連合軍の戦列に迎え入れた。デルフィノはP-39エアラコブラを受領することを望んでいたが、部隊はやがてマーチン・メリーランド爆撃機に装備を改めて沿岸警備につく予定だと知って失望し、1944年1月11日、「ノルマンディ・ニエメン」へ

ルネ(左)とモーリスのシャル兄弟。1944年6月、ルネの乗機Yak-9「60」の前で。かつてフランスで1939年から1940年にかけ、ルネが勤務していたGCⅢ/7のエンブレム、「怒れる男」が機体に描かれている。モーリス・シャルは1945年3月27日、東プロイセン上空へ出撃したきり行方不明となった。

の参加を志願した。

デルフィノは2月28日にロシアに到着、4カ月後には少佐に進級し、操縦士たちから世界最高の戦闘機と評価されたYak-3に、急速に習熟していった。10月16日、「ノルマンディ」は東プロイセンで大攻勢を開始、この日デルフィノはBf109 1機を撃墜して9機目の公認勝利とし、Fw190も1機、不確実ながら撃墜した。1週間後にはさらにFw190 2機の撃墜を報告したが、1機は確認され、もう1機は不確実に留まった。激戦のなかで、デルフィノは22日にFw190を1機撃ち落とし、26日にはBf109を1機、不確実ながら撃墜した。11月12日には副司令となり、終戦までにさらに4機のスコア(すべて戦闘機)を加えることになった。1945年4月26日、デルフィノは中佐に進級、やがて6月20日、「ノルマンディ・ニエメン」の司令としてフランスに帰還した。戦後のデルフィノは空軍の重要なポストを累進してゆき、1964年1月1日には空軍監察官に昇りつめた。1968年6月11日、心臓発作で急逝、37年にのぼる空軍勤務の幕を閉じた。

アルベール・デュラン
Albert Durand

1918年9月16日、グラース生まれのアルベール・デュランは1938年4月、ニームで空軍に入隊、すぐに非凡な操縦の才能を示し、7月29日に操縦資格を得た。1939年8月には最初の実施部隊、ボーヴェーのGCⅢ/1に軍曹として配属された。この部隊はMS.406を装備していて、その後すぐシャンティイに移動し、首都防衛にあたった。「まやかしの戦争」の時期を通じて、部隊にはほとんど実戦の機会がなく、陸軍第3軍の偵察機を護衛するためにロレーヌへ進出したときでも、事態は変わらなかった。

そうしたわけで、1940年5月10日になり、ようやくデュランは初の実戦を体験し、カレー北方の海岸にHe111を1機不時着させて、撃墜暦の幕を開けた。5月18日にはロゾワ=シュル=セール付近でDo17 1機を協同撃墜、翌日にはBf109 1機を不確実だが撃墜した。5月20日にはコンピエーニュ付近でJu88急降下爆撃機を1機撃ち落とし、[6月8日]オマルの近くでJu87を撃墜したのが、「フランスの戦い」での彼の最後の戦果となった。休戦ののち、GCⅢ/1は解隊となり、デュランは休暇を与えられたが、1941年3月11日、オランに駐留していたD.520装備のGCⅠ/3に配属された。

マルセル・ルフェーヴルやマルセル・アルベールと同様、デュランも自分の周りの新しい状況に対して満足にはほど遠く、イギリス機を撃墜することなど、思うだに耐えられなかった。その結果、この3人は策略をめぐらして1941年10月14日、乗機ともどもジブラルタルへ脱走した。この事件がもたらした奇妙な

77

結果のひとつは、彼らがそれまでいた部隊がGC Ⅲ/3と、ふたたび名前が変わったことだった。

　デュランは1942年6月19日にイギリスに到着、イギリス空軍で再教育を受け、第340「イル・ド・フランス」飛行隊に加わって英仏海峡や北部フランスへの戦闘機掃討に従事したが、まもなくルフェーヴルとともに「ノルマンディ」部隊に参加するため、船でロシアへ向かった。Yak-1への転換教育を終えたデュラン少尉は、「ノルマンディ」の操縦士の訓練を担当していたテュラーヌ少佐から「特に優秀」との折り紙を与えられた。

　1943年4月5日、デュランはFw190 1機をロスラヴリの近くで撃墜、同13日にはもう1機をスコアに加えた。5月5日にはHs126 1機をリトルフ大尉と協同して撃墜、やや置いて7月13日には公認撃墜8機目となるBf110 1機を撃ち落とした。3日後、クラスニコヴォ付近でFw189 1機を協同で落とし、8月31日にはHe111を1機撃墜、Fw190を1機撃破した。しかし9月1日、デュランは出撃したまま行方不明となった。25歳だった。

■ ガブリエル・ゴーティエ
Gabriel Gauthier

ジャン・テュラーヌ少佐(右)が、アルベール・デュランに状況説明をしている。1843年5月、コサルスクで撮影。背後のシャークマウス付きのYak-1はデュランの乗機で、知られているかぎり、「ノルマンディ・ニエメン」連隊でシャークマウスを描いていたのは、この1機だけである。

　1916年9月12日、リヨンで医師の一家に生まれたガブリエル・ゴーティエは、もちろんその職業を継ぐものと期待されていた。十代の初めごろから軍事に興味を抱いていたので、理の当然として軍医になるものと思われた。だが彼はスポーツのほうがもっと好きな自分に気づき、結局、飛行機乗りになる道を選んだ。最初の試験には失敗したものの、ゴーティエは1936年に空軍に入り、やがて1938年10月、MS.406装備のGC Ⅱ/7に配属された。

　1939年8月28日、ゴーティエの部隊はリュクサーユへ移動し、ドイツ空軍との、もはや避けられなくなった戦いに備えた。操縦士たちは、ドイツ人が自分たちに勝てるはずはないと自信満々だった。ゴーティエは4.(F)/121のDo17 1機を協同撃墜し、初めて勝利を味わった[1939年11月22日のこと]。1カ月後の12月21日、1機のポテーズ63/Ⅱ偵察機の護衛に当たっていた彼の部隊は、12機のBf109と交戦した。ゴーティエは自分が落としたばかりの敵機が大地に激突するのに気をとられていて、もう1機に尾部に食いつかれ、重大な損傷を受けた。そのため不時着、重傷を負い、軍務に復帰したのは休戦からかなり

経ってのことだった。

　ようやく彼が復帰したとき、部隊は北アフリカに移っていて、その地で1943年後半に、スピットファイアに機種転換した。1943年9月28日から12月17日までのあいだに、コルシカ島上空の戦闘で、ゴーティエはJu88を2機撃墜、2機撃破、1機を不確実に撃墜し、さらにDo217とサヴォイア・マルケッティSM.79を各1機撃ち落として、スコアを伸ばした。そして大尉に進級し、第2飛行隊長となった彼はプロヴァンスへの上陸を支援する戦いに加わったが、今度は対空砲火に撃たれてふたたび撃墜され、負傷した。彼はレジスタンスの手でゲシュタポから保護され、やがて無事にスイスに送り届けられた。回復すると、ゴーティエはふたたび自分の部隊に戻り、1944年のクリスマス・イヴから終戦までに、協同でBf109を5機撃墜、1機を不確実撃墜した。

　戦後、ゴーティエはアメリカの幕僚学校に留学し、フランスに戻ってからは空軍で次々と高い地位についた。1969年12月1日にはついに参謀総長に昇りつめ、1972年12月に退役するまでその職にあった。

エドモン・ギヨーム
Edmond Guillaume

　戦中のフランス空軍戦闘機操縦士のなかでも最年長者のひとり、エドモン・ギヨームは1904年1月31日、オゾワール・ラ・フェリエールの生まれ。1924年秋に操縦資格をとり、その後長年、陸軍飛行隊で教員をしながら、スローペースで昇進を重ねていった。戦争勃発の一週間前、ギヨーム中尉はGC I/4で現役に復帰したが、最初のスコアをあげたのは「フランスの戦い」が始まってのちの1940年5月11日、ベルギーの上空で1機のHe111を協同で撃墜したときだった。36歳という年齢ながら、彼は5月17日にはBf109を2機撃ち落とし（1機は協同）、すみやかにその戦闘能力を証明して見せた。5月26日には飛行隊の戦友たちが感嘆の目で見つめるなか、ホーク戦闘機をたくみに操って、さらに2機のメッサーシュミットを撃ち落とし、エースとなった。6月5日にはBf109 1機を協同撃墜、翌日にも同じく1機を確実に、もう1機を不確実に撃墜した。9月に大尉に進級、以後の戦争期間中は自分の経験を他の部隊に教えることに専念し、1945年8月、GC III/6で動員解除を迎えた。その時点での飛行時間は1042時間、うち戦闘時間が115時間。有名でこそなかったが、ギヨームはどの国の軍隊でもその中核をなしている、根性の座ったプロフェッショナルの典型だった。

ピエール・ル・グローン
Pierre Le Gloan

　フランス戦闘機エース中、イギリスではたぶん最もよく知られている謎めいた人物、ピエール・ル・グローンは下層階級の出身である。1913年1月6日、ケルグリ・モエルーで貧農の息子に生まれたル・グローンは、育英資金を得て空への熱情を実現させ、1931年12月、陸軍飛行隊に入隊した。1932年8月7日に操縦免状を取得。兵役延長を願い出て、1933年9月には第6戦闘機連隊に配属となった。射撃の腕前は大隊でも最上級で、編隊指揮能力にも優れていたル・グローン軍曹は、1936年10月20日には「chef de patrouille」（小隊長）に指名された。1938年2月には生え抜きの下士官として、部隊とともに北アフリカに移駐した。

1939年5月1日、GCⅢ/6がシャルトルで編成され、ル・グローン曹長は第5飛行隊の一員となった。この部隊はMS.406を装備し、1939年9月4日、ベ＝ブーヤンシーに移動して、パリおよびセーヌ下流地域の防衛任務を与えられた。「まやかしの戦争」は退屈で、実戦の機会も全然なく、部隊の士気は上がらなかったが、11月15日、GCⅢ/6はZOAN（北部空中作戦区）のウェ＝トゥイシーに移った。8日後、ル・グローンはロベール・マルタンとともに、ヴェルダン近くで5.(F)/122のDo17Pを1機撃ち落とし、GCⅢ/6にとって初の戦果を記録した。

　その後は、誤った警報にときたま驚かされる以外、ひたすら待つばかりの日々が過ぎたが、1940年3月2日、ル・グローンはまたもやマルタンと協同で、部隊2機目の勝利となるDo17をブゾンヴィル南東に撃墜した。5月11日には1機のHe111を協同撃墜、もう1機を不確実に撃墜したと報告した。3日後には、さらに1機のHe111の協同撃墜に加わった。5月末、GCⅢ/6は前線を退いて、ドヴォアチヌD.520に機種を改変した。

　6月10日、ムッソリーニもフランスを攻めることに決め、その3日後、ル・グローン准尉はイタリア軍のフィアットBR.20爆撃機2機を撃ち落とした。そしてさらに2日後、彼の名を不滅のものとする出来事が起こった。第二次大戦の操縦士では二番目に、1回の出撃で5機の勝利──フィアットCR.42複葉戦闘機が4機、BR.20爆撃機が1機──を収めたのである。この時点でル・グローンの公認スコアは11機に達し、大隊随一のエースとなっていた。

　フランスとドイツが休戦すると、ル・グローンは母隊とともに北アフリカに後退した。1941年5月、GCⅢ/6はドイツ軍と協力して、ヴィシー支配下にあったシリアでの作戦に参加するよう命令された。やがてその地で、ヴィシー・フランス軍対自由フランス軍の同胞相食む苦い闘争は、流血の対決となって爆発した。結局、ほかにもっと緊急の課題があると気づいたドイツ軍は、シリアとレバノンの防衛を全面的にヴィシー軍の手にゆだねて退いた。ひと月余り続いた戦いで、ル・グローン少尉はイギリス空軍のハリケーンを6機、グラジエーターを1機撃墜し、スコアを公認18機、不確実3機に伸ばした。

　「トーチ」作戦の結果、北アフリカに残っていたヴィシー軍はようやく連合軍の陣営に加わり、その中にピエール・ル・グローン中尉の姿もあった。1943年8月13日、彼はP-39エアラコブラに機種改変し、「ルーシヨン」と改名した母隊の第3飛行隊長に任命された。

　飛ぶことへのル・グローンの執念が、彼の生命を奪う結果を招いたのは、この職務中のことだった。9月11日は第一次大戦の伝説的エース、ジョルジュ・ギヌメールの命日にあたり、ほとんどの操縦士はその追悼式に出ていたが、ル・グローンとコルコンブ軍曹は朝早く、船団警護のため離陸した。海岸線を越えたとき、コルコンブはル・グローン機が黒い煙を吐き出しているのに気づいた。基地へ戻る途中、ル・グローン機のエンジンは突然停止し、彼は不時着を試みた。だがどちらの操縦士も、ル・グローン機の胴体下面落下タンク

ピエール・ル・グローンは「6」を幸運の数字と考えていた。写真は乗機 MS.406、s/n597（軍登録番号L-536）の前に立つル・グローン曹長。1939年11月23日、彼はこの機で自身最初の勝利となるDo17 1機を撃墜する。GCⅢ/6 第5飛行隊のマーク、アフリカの仮面がよくわかる。

がまだ投下されていないことに気づかなかった。彼の乗機は大地に触れた瞬間、火の玉となって爆発した。

アルベール・リトルフ
Albert Littolf

　空を飛ぶことに、ほとんど信仰的なまでの情熱を抱いていたアルベール・リトルフは1911年10月31日、コルニモンに生まれた。兄弟が8人もいたため、自分がよりよく生きられる道は飛行士になることだけだと、彼は若いころから心に決めていた。そして陸軍飛行隊に入隊、1931年7月31日に操縦資格を獲得し、同期の首席で卒業した。ディジョンの第7連隊に配属されると、隊長はリトルフの操縦能力にただちに着目し、空中曲技チームを結成して、リトルフをその一員に選んだ。

　1939年、GC II/7に所属して北アフリカに進出したが、ここでの勤務をリトルフは好まず、しばらく後には願い出てフランスに帰還した。こうして、彼はGC III/7に所属中にドイツ軍のセダン侵攻を迎え、1940年5月12日、僚機と協同でJu88を1機撃墜した。実戦に使われ始めたばかりのD.520を駆って、それからひと月足らずのあいだにリトルフが撃ち落とした敵機はHs126が5機、Bf109が不確実ながら1機（すべて協同）にのぼった。

　休戦に失望したリトルフは、ド・ゴールの呼びかけに応え、戦友ふたりとともにフランカザルからイギリスへ飛び、ほとんど燃料を使い果たして着陸した。その地で1940年12月13日、自由フランス空軍GC III/2 第1飛行隊が設立されると、リトルフは最初の6人の操縦士のひとりとなった。その直後、この部隊は在エジプトのイギリス空軍第80飛行隊の増援に派遣された。砂漠戦線の混乱のなかで、リトルフは第73飛行隊にも属してアテネ、アレクサンドリア、トブルクで戦い、1941年5月5日にはトブルク上空でBf109を4機撃墜した。5月31日にはクレタ島沖でJu88 1機を協同で撃墜、イタリアのカントZ.1007も1機撃破した。

　1942年3月にイギリスに呼び戻されたリトルフは、旧知のジャン・テュラーヌ大尉と再会した。テュラーヌは新編のGC3（のちの「ノルマンディ・ニエメン」）の隊員募集に来ていたところだった。冬のあいだずっと、イヴァノヴォで訓練を積んだあと、「ノルマンディ」は1943年3月22日、ようやく前線に到着した。感情の激しい人物だったリトルフのことを、戦友のひとりはこう回想している。

「彼の毎日は苦行僧のようだった。ロシアの長い夜、我々がポーカーに興じているあいだ、彼は自室で夢みたいな未来の飛行機の図を描いていた。神を信ずるのと同じくらいに飛行機に没頭していて、ほかのことには酒もタバコも女にも、まるきり興味を示さなかった。理想的な飛行機を発明しようと苦心していたが、あるとき私に自分のアイデアをいくつか話してくれた。技術的な面で私が何カ所か反論を唱えたところ、最後に彼は『戦争が終わったら覚えてろ』と言った……」

　5月、リトルフはHs126とFw189をそれぞれ1機撃墜し、ふたたびスコアを伸ばし始めた。ドイツ軍がスターリングラードで敗北したあとのことで、この地区はわりあい平穏だったものの、フランス操縦士たちのいた場所は、クルスク近くのオリョールとハリコフ戦区のふたつの突出部だった。7月5日、ドイツ軍はクルスクで攻勢に出、これは史上最大の戦車戦に発展した。だがソ連軍はドイツ軍の計画を熟知していて、4日間でその攻勢を食い止めた。7月10日以来、

集中砲火を浴びてハティオンキに足止めされていた「ノルマンディ」部隊にとっても、事態はにわかに動き始めた。14日、ソ連軍が反攻を開始すると、フランス操縦士たちはソ連空軍の第18、第303両戦闘機連隊とともに、その進撃を掩護した。リトルフは13日にBf110 1機を撃墜、16日にもクラスニコヴォ近くでもう1機のBf110を墜としたが、その日の2度目の出撃で行方不明となった。

12年後、リトルフの遺骸は発見され、1960年10月、故国に帰還し、埋葬された。[墓碑銘は]「フランスのために死す」。

ミシェル・マドン
Michel Madon

休戦のあと、フランスの資産に対するいかなる攻撃にも抵抗せよというヴィシー政府の命令に従った操縦士のひとり、ミシェル・マドンは1918年1月10日、ディジョンに生まれた。1938年夏に空軍に入り、いくつかの飛行学校を経たのち、1940年2月にカンヌのGCI/3に配属された。当時、同部隊はMS.406から、はるかに性能の優れたD.520への転換待機中で、前線から遠かったことが幸いし、マドンとその僚友たちは新しい機材について練習する時間を十分に得ることができた。

やがて5月13日、マドン少尉と母隊は「フランスの戦い」に参加すべく、スイップに派遣された。それから数時間後、部隊はムーズ川にかかる橋の上空で戦闘に入り、マドンは最初の撃墜戦果(Bf110 1機)をあげた。6月6日から16日まで、彼は新鋭戦闘機を最大限に活用し、Hs126を4機、Do17とBf109を1機、それぞれ確実に撃墜、さらにBf109とHe111を1機ずつ不確実ながら撃ち落として、大隊のトップエースとなった。

2日後、GCI/3はまずオランへ、ついでチュニジアに後退し、その地でマドンは大勢のヴィシー支持派のひとりとなった。1941年11月10日には第1飛行隊長に昇進したが、彼がつぎに実戦を経験する機会は1942年11月、連合軍のモロッコ上陸までなかった。この月8日、マドンはC-47 2機もしくは3機と、シーハリケーン1機の協同撃墜に加わった。北アフリカの戦いが終わると、マドンは1943年4月、GCⅡ/7「ニース」配属となり、9月にはスピットファイア装備のGCⅠ/7「プロヴァンス」に移った。1943年11月26日、マドンはDo217 1機を不確実ながら撃墜、加えてFw200を2機撃破して、スコアを公認11機、不確実4機とした。コルシカ島解放戦に参加したのちの1944年6月2日、彼の乗機はイタリア上空でエンジン故障を起こし、敵に捕まるよりはと荒れる海上に落下傘降下したものの、かなりの時間、発見されなかった。

戦争が終わると、マドンはフランスに帰還したが、じきにまたインドシナに送られた。そのあと幕僚や指揮ポストを歴任し、1970年9月に空軍監察官となった。だが1972年4月14日、恐ろしい事故に遭い、妻は死に、マドンは重傷を負って、ついに回復できずに1カ月後の5月16日に死去した。

エドモン・マラン・ラメレー
Edmond Marin La Meslée

「フランスの戦い」に加わったあらゆるフランス操縦士のうち、最高の戦果をあげたマラン・ラメレーは1912年2月5日、ヴァランシェンヌの生まれ。高校を卒業後、モラヌ飛行学校に学んで、1931年8月1日に操縦資格を獲得した。その年11月、徴兵を待たずに予備士官養成課程に志願し、1932年9月20日、卒

業して少尉となった。そしてストラスブールの第2戦闘機連隊に配属され、服務期間が終了した際、さらに2年の勤務延長を軍曹の階級で受諾した。1936年9月、彼は空軍に生涯を捧げることを決意し、1937年10月には当時GCI/5の一部だったSPA67に少尉として配属された。この部隊でマラン・ラメレーはジャン・アカール大尉とともにホーク戦闘機を飛ばしていて、開戦を迎えた。

　1939年7月27日までに、GCI/5はスイップの実戦基地に移動を済ませていた。それから6カ月のあいだ、マラン・ラメレーは自分がそのために訓練を重ねた任務を果たす機会を待ち続けた。そのころ敵機と遭遇する機会は稀で、ようやく1940年1月11日、彼はついにヴェルダン上空で3.(F)/11のDo17P 1機を捕捉、レイ少尉の助けを借りて、これをドイツ国境近くに撃墜した。この戦闘を彼はこう述べている。

「僚機レイ少尉とともに高度8000mでパトロール中、我々より約200mほど低く、2kmほど離れたところに、ピカピカのDo17が1機、ベルギーの方角に向かって飛んでいるのが目に入った。僚機に通報し、太陽を背に受ける位置をとって、敵の後方から攻撃した。400mの距離で、ドイツ機の銃手が射撃を始めた。私は敵の狙いを外すため機位を変えながら接近し、200mで銃火を開いた。連射数回で、離脱しなくてはならぬ距離まで接近し、僚機に順番を譲った。敵の銃手はずっと私を撃ち続けていたが、射弾は散らばっていた。私の弾丸は敵機の胴体とエンジンに命中するのが見え、破片が私の乗機に当たった。

「ドルニエは直線飛行を続け、私は二度目の攻撃に入った。さらに破片が私の機に当たり、風防には滑油が飛び散った。私は自機が被弾したと思い、離脱したが、レイが射撃しようとしたとき、ドルニエは垂直降下に入った。敵は燃料を噴き出し、エンジンも煙を吐いていたから、かなりひどく被弾したに相違なかった。レイは降下中の敵機を射撃、離脱して、私が引き継いだ。

「ドルニエは高度2000mで水平に戻り、すぐまた降下に入って国境のほうに向かった。我々は交代で射撃を加え、敵に一瞬の余裕も与えなかった。ドイツ機銃手は依然として撃ち続け、このドルニエには逃げられてしまうのでは、と我々は思った。もう国境のすぐ近くまで来ていたからだ。僚機に「頑張ろう」と叫んだのを覚えている。我々の高度はもはや地表のすぐ近くにまで下がり、実際、あまり低すぎて攻撃を中止しなくてはならなかった。その直後、私の心は大きな満足感でいっぱいになった。ドルニエが野原に胴着するのが見えたのだ。基地へ戻るとき、国境からわずか1kmのところまで来ていたことを知った。敵機の乗員は捕虜になったが、負傷していたのはひとりだけだった。私の乗機は損傷がなく、レイ機には5発の弾丸が命中していた」

1940年当時のフランス第一のエース、エドモン・マラン・ラメレーが、機銃6挺を装備した乗機ホーク75A-3 s/n217のコクピットに納まる。GCI/5 第1飛行隊のエンブレム、コウノトリが見える。

　ラメレーが次回の勝利を得たのは、ドイツ軍の攻撃が本格化する二日前の5月12日のこと。彼の「パトルイユ」[3機分隊]はアルデンヌで、約20機のJu87がフランス軍地上部隊に急降下爆撃を加えているところに遭遇した。シュトゥーカには護衛戦闘機が付いていなかったから、そのあとの戦闘は虐殺になった。GCI/5

は撃墜12機を報告、ラメレー自身は3機が公認され、4機目は「不確実」に格下げされた。翌日にはBf109 1機が彼の餌食となった。

5月15日から26日まで、ドイツの侵攻を食い止めようとする戦闘に、彼は休みなく加わった。15日にはHs126を1機、翌日はDo 215を1機、18日にはHe111の21機編隊のうち3機、19日にはもう1機のHe111を、いずれも協同で撃墜している。一息入れて、24日にはサン・ルー付近でHs126を1機撃墜、翌日にももう1機を今度は協同で撃墜した。26日には1機のHe111を飛行隊の8人の戦友と分け合った。機数でつねに敵より劣勢ななか、乗機ホークを被弾の孔だらけにして帰還することがたびたびだったラメレーは、その闘志を認められ、6月1日にジャン・アカールが負傷入院すると、後任として大隊の指揮を任された。

フランスは戦争に敗れつつあったが、戦闘はまだ終わっていなかった。6月3日、ラメレーは協同でHs126 1機を撃墜、Do17 1機を不確実に撃墜し、4日後にはソワッソン上空でさらに2機の不確実撃墜を果たした（Ju88とHs126）。だが彼の最後の戦果となったJu88は疑問の余地のない撃墜で、6月10日、シャティヨン・シュル・バールに墜落、彼のスコアは公認16、不確実4となった。6月25日までに、GC I/5はアルジェリアに後退した。

それから2年半のあいだ、マラン・ラメレーはふたたび戦う機会を待ち続けた。「トーチ」上陸作戦のあと、彼の大隊はP-39エアラコブラに機種を転換し、船団の掩護や沿岸哨戒に従事した。1944年から45年にかけての冬、彼の部隊はようやく母国解放の戦いに参加することができた。そして1945年2月4日、マラン・ラメレー少佐はいまや「シャンパーニュ」と命名され、P-47で装備した彼の部隊を率いて、ハルトの森のドイツ軍輸送車両部隊の攻撃に向かった。最初の航過で車両1両が爆発炎上し、濃密な煙を噴きあげて、彼の視界を妨げた。これを避けようと上昇中、ラメレー機は40mm対空砲に撃たれて墜落した。ドイツ兵にコクピットから引き出された少佐は、弾片で頭部に致命傷を負っていた。

いま彼の最期の地には、フランス操縦士記章の星をかたどった大きな石造の記念碑が建てられている。

エウゲニウッシュ・ノヴァキエヴィッチュ
Eugeniusz Novakiewicz

「フランスの戦い」でのエースたちのなかには、フランス人でない人々も数人含まれている。ポーランドが陥落したのち、多くのポーランド飛行士が戦いを続けるためにフランスに逃れたが、エウゲニウッシュ・ノヴァキエヴィッチュもそのひとりだった。1919年1月2日、ヤースウォの生まれだが、ポーランド空軍時代の経歴は上等兵だったということ以外、ほとんど知られていない。フランスに到着した彼は空軍勤務を志願し、MS.406装備のGC II/7配属となって1940年3月29日に入隊した。粘り強い戦いぶりで知られたノヴァキエヴィッチュ上級伍長は5月11日、He111 1機を協同で撃墜し、最初のスコアをあげた。25日にはドイツ上空でDo 215 1機を不確実撃墜。6月1日にはもう1機のHe111を撃ち落とし、5日と10日にはDo 215を1機ずつ撃墜、公認された。最後の勝利の相手はDo17で、ふたたびドイツ上空でのことだった。

フランスが敗れると、ノヴァキエヴィッチュは再度脱出、イギリスへ逃れて、イギリス空軍に加わった。その後の彼の経歴は、1940年8月1日から第302飛

行隊に勤務し、1942年6月19日に中尉に昇進、同年7月2日に行方不明となったことしか判明していない。

フランティシェク・ペリナ
Frantisek Perina

　チェコ人たちもまた、ナチスの圧迫を逃れて一時フランスを避難の地としたが、その中にフランティシェク・ペリナもいた。1911年4月8日、モクルヴキの生まれで、1929年にチェコ空軍に入隊した。チューリヒで開かれた国際軍事飛行競技会に、母国を代表してアヴィアB.534戦闘機に乗って出場し、最も優れた射撃手のひとりとして評価されたこともある。チェコスロヴァキアがドイツに占領されると、ペリナは1939年に脱出してフランス外人部隊に入り、ついでフランス空軍に、はじめ軍曹として加わった。やがて中尉に昇進、アカールの指揮するGCI/5に配属され、たびたびアカールの僚機をつとめた。

　5月10日、このペアはふたりで4機のDo17を撃墜、翌日にはHe111 1機を協同で撃墜した。5月12日、GCI/5はJu87 12機を撃ち落とす大戦果をあげ、ペリナ自身のスコアは2機公認、2機不確実だった。18日はHe111 1機を協同で、翌日は同じくHe111 1機を強豪マラン・ラメレーと協同で、それぞれスコアに加えた。1週間後、もう1機のHe111がGCI/5の9人に落とされた。「フランスの戦い」におけるペリナの最後の勝利は、[6月1日]ふたたびアカールとともに落としたHe111 1機で、彼のスコアはこれで公認11、不確実2となった。この戦闘でペリナはBf110に撃墜された。だが病院から抜け出し、ペリナは乗機カーチスH-75で北アフリカに飛んだが、やがて自分の個人的な戦いを続けることを決意してイギリスに渡り、イギリス空軍に入った。第312飛行隊に配属された彼は、しかし戦争が終わるまでにわずか1機しかスコアを伸ばすことができなかった。

　共産主義者がチェコスロヴァキアの政権を握ると、1948年、ペリナは国を出てイギリス空軍に再入隊した。1953年には飛行任務から引退を命じられ、カナダとアメリカに移住、ビジネスマンとなって成功を収めた。冷戦が終わったのち、ヨーロッパに起きた大きな変化のおかげで、ペリナはついに母国に戻って退隠の日々を送ることができた。

アルベール・プティジャン＝ロジェ
Albert Petitjean-Roger

　フランスの全エース中、最年長者だったプティジャン＝ロジェは1903年1月15日、トゥールーズで生まれた。1924年にサン・シール士官学校に入り、2年後に少尉任官、1927年には操縦資格を取得した。1930年4月、プティジャン＝ロジェ中尉はアトラス山脈の反乱部族鎮圧作戦に参加するため、第37飛行連隊に従軍してモロッコに向かった。空中観測の専門家として、彼は砲火の下での沈着さ、勇敢さ、指揮能力を高く評価された。1935年7月、大尉となってモロッコを去り、フランスに戻って参謀コースに学んだ。その後、総司令部に勤務、ついでブリュッセル駐在武官に任命された。1938年5月、空軍参謀総長ヴュイマン大将はプティジャン＝ロジェを副官に選んだ。少佐に進んだ彼は、次にはシャルトルの高等訓練部隊司令に任命され、1940年3月25日にはH-75装備のGCⅡ/5の指揮官となった。

　5月、「フランスの戦い」が始まると、彼は早速He111 1機をヴェルダン付近

で撃墜し[5月12日、協同]、その能力を証明した。20日にはDo17を1機、翌日にもHs126を1機、いずれも協同で落とした。6月5日にHs126 1機を撃墜(協同)、10日にはDo17を1機、やはり協同で落とし、これが彼の最後の戦果となった。

休戦後、プティジャン＝ロジェは北アフリカに逃れたが、8月1日、ヴィユマン大将に呼び戻されて、ふたたびその副官を務めた。2カ月後、彼はウェイガン大将の幕僚に加わり、1941年4月10日、墜落事故で死亡した。

カミーユ・プリュボー
Camille Plubeau

戦闘機エースにしては珍しく、もともとは偵察機操縦士になるつもりだったというカミーユ・プリュボーは1910年1月6日、オーセル＝オートに生まれた。オートバイの大好きな少年で、リンドバーグやメルモーズといった人々の偉業に胸をときめかし、やがて兵役年齢に達すると陸軍飛行隊に応募した。3000人の応募者から148人だけが選ばれ、プリュボーはそのひとりとなった。1929年3月14日から訓練を始め、8月10日、モラヌ130型機で操縦免許を獲得した。イストルで高等飛行訓練中、プリュボーは「田舎を見たいから」という理由で、偵察機の操縦士になりたいと申し出た。だが部隊長は彼の飛びぶりを見た上で、戦闘機乗りになるよう説得した。こうして1929年12月から1932年6月まで、プリュボーは第一次大戦のエース、アルマン・パンサール(撃墜27機)の第34飛行連隊に勤務することになった。

旅好きだったことから、1932年6月、彼はモロッコでの勤務を志願した。1934年12月にフランスに帰還、4カ月後にはリヨンのGCI/5に配属された。1939年5月、プリュボー准尉はランスでホークに改変中のGCII/4に転属した。8月までに「プティ・プーセ」たち[ペロー童話の主人公「親指太郎」のこと。この部隊所属機の胴にその絵が描かれていた]はヴォージュのグザフヴィリエに落ち着いた。9月24日、彼はI./ZG52のBf109 1機を確実に、もう1機を不確実に撃ち落として、やがて大隊随一のエースとなる道を歩み始めた。その6日後——

「ビーチの南西で、僚機が翼を振って「敵機発見」の合図をした。すぐに敵機群が見えた。僚機は高速で真南へ、1機のBf109に向かってゆくが、敵はその後方150mにもう1機、さらに400m離れて、やや高い位置にもう3機いる。時間の余裕があったので、我々は高度を上げ、太陽を背にする。敵はこちらに気づいていないようだ。ド・ラ・シャペルが先導機を、私はその僚機を攻撃する。ド・ラ・シャペルが射撃を始めると、Bf109は右に旋回して自分の仲間たちの下に回り込む。私は自分の前で僚機を撃っている敵機を片づけなくてはならない。数発浴びせると、敵は左に旋回する。私も旋回するが、速度はこちらの方が速く、すぐに敵の背後120〜140mにつく。機銃発射ボタンを押すと、敵機の胴体の両側から黒煙が噴き出し、炎も見える」

この報告にもかかわらず、プリュボーには不確実撃墜が認められたに過ぎなかった。

10月31日のHs126撃墜は疑問の余地なく認められ、この年の終わりまでに、プリュボーはさらにDo17 1機を撃墜、1機を不確実に撃墜してスコアに加えた。つぎの勝利は1940年5月11日まで待つことになり、Bf109 1機を撃墜したが、同じ日のHe111は公認されなかった。5月15日には珍しいJu86 1機を協同で、

続いてBf109 1機を単独で撃墜した。3日後にはBf109を3機、He111を1機撃ち落としている[いずれも協同]。6月6日にも、ソワッソン付近でBf109 1機を撃墜したが、9日にはHe111 1機とBf109 2機を落としたあと、プリュボー少尉はもう1機のメッサーシュミットに不意を突かれた。

プリュボー機はエンジンが火を噴き、彼は降下中に撃たれる危険を避けて、ぎりぎりまで我慢したあと落下傘で飛び下りた。第三度の火傷を負った彼はエペルネーの病院に運ばれ、その夜にはボルドーに避難した。8月、あくまで抗戦を続ける意志を抱いたまま、彼は撃墜公認14機、不確実4機のスコアとともにアルジェに渡った。

プリュボーはラバトのGCⅡ/4に配属されたが、「トーチ」作戦のあと、母隊はエアラコブラに機種を転換した。あらためて「シャンパーニュ」と命名されたこの部隊は、地中海での船団掩護に従事した。

1944年、メクネスで戦闘機学校の校長を9カ月間務めたのち、プリュボーは大尉に進級し、GCⅡ/9の第2飛行隊長となった。終戦時には訓練および連絡部隊の指揮官としてブールジェに駐在中で、のちにヴィラクーブレに移った。実戦出撃155回の記録を残して、カミーユ・プリュボーは1946年10月1日に退役した。

ルネ・ポミエ・レラルグ
René Pomier Leyrargues

ルネ・ポミエ・レラルグは、その実戦歴がわずか3カ月足らずで幕を閉じたのに、ふたつの点で戦友たちから尊敬と称賛を集めている——謙虚な人柄と、ドイツ空軍のエース、ヴェルナー・メルダースを撃墜したことである。

1916年11月1日、モンペリエに生まれ、1937年に操縦訓練を始めた。1939年、シャルトルで高等戦闘機戦術課程を修了。1940年3月12日に実施部隊、GCⅡ/7に配属となった。この部隊は開戦以来、彼らの戦区内で行動する自軍偵察機を護衛するするのが任務で、また「まやかしの戦争」という奇妙な状況からして、両軍とも相手を見なかったふりをして済ませることが多かった。そんなわけで、戦闘や勝利といったことはめったに起こらず、1939年から40年にかけての厳しい冬を通じて、部隊のスコアはわずか6機に止まった。

5月にはGCⅡ/7はドヴォアチヌD.520へ機種改変を始め、同11日、ポミエ・レラルグ少尉はブラッシー付近でHe111 1機の協同撃墜に加わった。5月19日はDo17を1機、24日と25日にはそれぞれHe111 1機をスコアに加えた。6月、ドイツ機甲隊はフランス深く侵攻した。5日、ポミエ・レラルグを含むGCⅡ/7の8人の操縦士は敵機迎撃に緊急発進したものの、Ⅲ/JG53の15機のBf109Eに飛びかかられた。敵側の指揮官は当時39機のスコアを誇るドイツ最高位のエース、余人ならぬヴェルナー・メルダースだったが、それに続いた乱戦のなかで、ポミエ・レラルグは彼を撃墜した(メルダースは相手に気づかなかったらしい)。ポミエ・レラルグはそのあともう1機のBf109撃墜を報告したが、やがて機数に勝る敵に圧倒され、乗機D.520(No.266)が火を噴いてマリセル付近に墜落、戦死した。この戦闘でGCⅡ/7は4機の戦闘機と2名の操縦士を失う痛手を受けた。1942年、ポミエ・レラルグの遺体はようやく発見され、埋葬された。

ピエール・プヤード
Pierre Pouyade

　ピエール・プヤードは、その戦歴のはじめが夜間戦闘機乗りだったという点で、フランスのエースのなかでも変わり種である。1911年6月25日、スリージエで軍人の家に生まれたプヤードは、職業軍人の道に進むべく運命づけられていた。学業に優れ、1930年、464人中24位の成績でサン・シール士官学校に入学。2年過ぎたとき、彼は自分の未来を航空に賭けることを決意、1935年、ヴェルサイユで操縦資格を獲得した。その後、プヤード中尉は第6連隊に配属となった。

　1936年12月にGCIV/4の第4飛行隊に異動。1939年6月には大尉に進級、「フランスの戦い」では、当時ポテーズ63複座戦闘機を装備していたGCNII/13の指揮官を務めた。後年、プヤードは当時の装備機と戦力を厳しく批判して、次のように述べている。「我々は冬中、ドイツ機を追って飛び回ったが、ただの1機すらも捕捉できなかった。何故か？　フランスの夜間戦闘機が1918年［第一次大戦終了の年］以来、ほとんど進歩していなかったためだ。役立たずと決まっていたような夜間戦闘機を、フランス軍最高司令部はなぜ発注し、実戦配備したのか、私にはいまだに理解できない」

　5月20日にHe111を1機落としはしたが、そのあとの休戦で、プヤードの心には祖国を守れなかったという深い不満感が残った。ドイツ支配下のフランスで無為に過ごすよりは、と、プヤードは植民地での勤務に、それも出来るだけ早く行きたいと志願した。1940年10月、インドシナへの配属が決まり、11月23日、彼はもともと30人乗りの客船に、ほかの900人とともに詰め込まれた。48日にわたる恐ろしい航海（うち26日は無寄港）ののち、プヤードはサイゴンに着き、MS.406装備のECII/295の指揮官となった。

　プヤードはすぐに、フランス人が日本に協力していることに気がついた。部下たちを養い、飛行機を保守してゆくため、日本軍に物資を仰ぐことを余儀なくされた彼は、やがて、トンキン［現・ベトナム北部地方］上空を飛ぶアメリカ機はすべて、発見次第ただちに無警告で攻撃すべしとの命令を受けた。中国との国境近くで撃墜された一アメリカ人飛行士が、彼の上官たちにより日本軍に引き渡され、そのあと斬首されたと聞いたとき、プヤードは「完全に打ちのめされ、ここを去ろう、脱出しようと決意した」。

　1942年10月2日、彼は計画を実行した。時代物のポテーズ25を盗んで脱走し、重慶で自由フランス代表者に温かく迎えられたのだ。4カ月後の1943年2月5日、イギリスに到着。そこでプヤードは友人ジャン・テュラーヌから一通の電報を受け取った。数カ月前からロシアで活動しているGC3（のちの「ノルマンディ・ニエメン」連隊）に来ないかという誘いだった。これに志願したプヤードに、ヴァラン将軍は、ほかにも10人の操縦士を見つけてくるよう命じた。彼はこれを果たし、1943年5月14日、プヤード少佐は部下たちとともに新しい航海に乗り出した。

　6月9日までにはロシアで、ドイツ空軍と戦う用意が整った。フランス革命記念日（7月14日）に、プヤードはBf110を1機撃墜、翌々日にはJu87とFw189をそれぞれ1機ずつ撃ち落として、スコアを公認6機、不確実3機とした。7月17日には戦死した友人ジャン・テュラーヌの後を継いで、「ノルマンディ」の司令となった。

10月にはHs126を1機、Fw190を2機撃墜している。戦闘の危険以外にも、プヤードは自分の部隊に降りかかってくる、さまざまな難問にも対処しなくてはならなかった。なかでも群を抜いて重要なのは戦死傷者の補充で、1943年末、彼は補強のための人員を求めて、北アフリカに赴くことを決意した。戦争が終わると、プヤード中佐と部下たちは1945年6月20日、ついに故国に戻った。

　1945年7月、プヤードは戦闘機監察官に任命され、1947年にはオリオール大統領のスタッフに加わった。1950年から1953年まではブエノスアイレスで駐在武官をつとめ、将官となって帰国した。1955年に退役、政界に入ったが、1979年に公職から引退した。

レオン・リシャール
Léon Richard

　レオン・リシャールは第二次大戦のフランス・エースの中でただひとり、ドイツ機を1機も撃墜していないという点で、ほかに類のない存在である。1910年8月7日、パリの生まれ。1929年に操縦資格を得たが、職業軍人の下士官となったのは1933年のことだった。1935年7月に講習を終え、第3連隊に配属された。1937年11月、アルジェリア駐在の偵察部隊、GAR571の隊長に就任。1940年4月、GCI/9の第1飛行隊の指揮を執るため、フランスに戻ったが、5月6日には部隊とともにチュニジアに赴任した。

　1940年8月31日、リシャールはGCⅢ/6（D.520を装備）の第6飛行隊長となった。この部隊はシリアでの戦いに積極的に参加した。短期間ながら激しかったこの戦いで、リシャールはその特異な戦歴の幕を開けた――彼の全スコア7機は、すべてイギリス機を相手に記録されたのだ。1941年6月8日、彼はイギリス海軍のフェアリー・フルマー1機を撃ち落とし、翌日はハリケーン1機をスコアに加えた。6月13日の金曜日は、その日リシャールに遭遇した第11飛行隊のブレニムとその乗員に、まさしく不幸をもたらした。23日、ハリケーンとトマホークを1機ずつ撃墜。7月5日には、ハリケーンをもう1機落としている。

　シリアから親ヴィシー勢力がすべて撤退すると、リシャール大尉とその部隊はアルジェリアに帰還した。この地で哨戒飛行を実施中の1942年5月18日、彼は自身7機目の、そして最後のスコアとなるイギリス海軍のフルマーを撃ち落とす。「トーチ」上陸作戦が行われたあと、リシャールはP-40（？）への転換を開始したが、1943年5月26日、訓練飛行中に燃料が切れ、不時着を余儀なくされた際に死亡した。計器盤に打ちつけた頭部が砕けたのである。

ルネ・ロジェ
René Roger

　ルネ・ロジェは、1939～40年にかけてのフランスの操縦士たちの戦果報告につきまとう混乱の象徴である。エースの公式リストは彼のスコアを5機としているのに、彼の部隊史では4機しか認めていない。ロジェをここに取り上げたのは、1940年6月の休戦からあと、フランスがふたつに分かれたことが、個々の人々にどのように影響したかを例証したかったためである。

　1939年の開戦時には、ルネ・ロジェはフランス空軍で最も経験豊かな操縦士のひとりだった。1907年3月4日に生まれ、1927年、義務兵役で入隊。1930年に操縦資格を取得し、1931年5月、陸軍飛行隊の下士官となった。1935年4月から1939年9月まで、ロジェ准尉はブールジェで飛行教員をつと

め、昼夜を問わず、あらゆる機種の飛行機を飛ばせた。

　宣戦が布告されると、ロジェはMS.406装備のGCⅢ/3に配属となった。それから3カ月、彼は昼間は偵察に、夜は爆撃任務に、ドイツ上空へ出撃を続けた。「フランスの戦い」が始まったことで、ロジェは戦闘機乗りの腕を試す機会を得、1940年5月13日、ローゼンダエル付近で2機のBf109を3分間のうちに撃墜した。6日後にはBf109をもう1機、翌日はHe111を1機落とした。フランス空軍戦史部はこの時点で彼にもう1機のスコアを与え、エースと認めている。

　1940年8月、ロジェは北アフリカのGCⅡ/3に転属となった。1941年6月14日、この部隊のD.520はヴィシー支配下のシリアに侵攻した連合軍に対抗するため、同地に送られた。ロジェ上級准尉もこれに同行したが、15日に乗機がトルコに不時着し、戦闘には加わらなかった。これが本当に事故だったか、それともド・ゴール派に共感を寄せての意図的な戦闘忌避だったのかは、わからない。結果として、ロジェはその後の10カ月をアンカラで、ヴィシー政府の駐在空軍武官を補佐して過ごした。この間、将校任官を申請したが、その政治思想を理由に、三度も拒否され、ついには1942年7月から1943年5月まで、10カ月にわたって監禁された。解放後、ロジェは中東の自由フランス軍に加わり、1944年2月には少尉に任官。そのあとは1945年5月から6月にかけ、シリアとレバノンで任務のための飛行を重ねた。9月、ロジェは飛行3000時間の堂々たる記録を残して軍務を退いた。

ロジェ・ソヴァージュ
Roger Sauvage

　フランスでは人種は軍歴の障碍とならぬことを証明しているロジェ・ソヴァージュは、1917年3月26日、第一次大戦で戦死したマルティニク島先住民の子として生まれた。ジョルジュ・ギヌメールの伝記を読んで飛行にあこがれ、1935年に空軍に入隊。1937年のほとんどは、ドイツとの国境の写真偵察に従事して過ごし、1939年4月、ランスに基地をおくGCⅠ/5に異動した。

　1939年から40年にかけての冬、ソヴァージュは偵察機を護衛してたびたび出動したものの、なかなか空戦の機会に恵まれなかった。そしてようやく砲火の洗礼を受けた際[5月14日]には、あやうく死ぬところだった。ポテーズ631双発機で飛んでいた彼を、イギリス空軍のハリケーン3機編隊が追ってきて、うち1機がいきなり撃ったのだ。ソヴァージュは燃える乗機のコクピットからやっとのことで脱出し、パラシュートが開いたとたんに機体が爆発したため、地面に着いたときは半死半生だった。4日のあいだ、ソヴァージュは何も思い出せず、ようやく記憶を取り戻したとき、イギリス空軍操縦士は彼の乗機をBf110と間違えたのだと気がついた（この取り違えはあまりにもたびたび起きたので、少しでも事故を避けようと、やがてポテーズ631には特別のマーキングが施された）。そして5月18日、ソヴァージュはHe111を1機撃墜し、すみやかな回復ぶりを証明して見せたものの、次の獲物となったDo17をトゥール付近で仕留めるのは、6月16日まで待たなくてはならなかった。休戦のあとは北アフリカに渡り、カサブランカに居たとき、ロシアへ、そして「ノルマンディ・ニエメン」へ来ないかと誘いを受けた。

　ソヴァージュは1944年1月、志願兵第2陣のひとりとしてソ連に到着、Yak-7への転換訓練を開始したが、次のドイツ機（Fw190）を東プロイセンで撃墜したのは10月14日になってのことだった。2日後、彼はJu87 2機とBf109 1機を

協同で撃墜、24時間後にはFw190 1機を確実に、もう1機を不確実に仕留めている。赤軍が東プロイセンからドイツ本国内へと前進するにつれ、ソヴァージュ見習士官のスコアも着実に伸びていった。1945年1月16日にFw190を2機、翌日もう1機。さらにその翌日には3機を落とし、1機を撃破した。こうして1945年3月27日、ピラウ付近で自身最後の勝利となるFw190を1機撃墜、1機撃破したとき、ソヴァージュのスコアは撃墜公認16、不確実撃墜1、撃破4に達していた。

戦後もソヴァージュは空軍に留まり、1954年に大尉となった。自伝を2冊残し、1977年に死去した。

ヨゼフ・シュテフリク
Josef Stehlik

他国の空軍に加わって善戦したもうひとりの亡命チェコ人、ヨゼフ・シュテフリクは1915年3月23日、ピカレツで生まれた。祖国がドイツに占領されたときには、チェコ空軍第3飛行連隊の一員だったが、フランスに亡命、そこでGCⅢ/3（MS.406装備）に配属されて、「フランスの戦い」にちょうど間に合った。初めて実戦を体験した5月12日は、最初の空戦では明確な結果を出せず、ただBf110 1機の「不確実」撃墜が認められたに過ぎなかったが、同日後刻の空戦ではHe111 2機を協同で撃墜した。1週間後、シュテフリク軍曹はHs126とDo17を1機ずつ撃ち落とす。D.520に機種改変した直後の6月5日には、Do17を1機落としてエースとなり、翌日にはBf110 1機をスコアに加えた。

フランスでの戦いが終わると、シュテフリクはイギリスに脱出し、第312飛行隊に所属して、「イギリス本土航空戦」に加わった。スコアをさらに伸ばし、大尉に昇進したあと、シュテフリクは[1944年に]新設されたチェコ戦闘機連隊への参加を志願し、ソ連軍とともにLa-5戦闘機で戦って、さらにJu87とJu88を1機ずつ撃墜した。戦後は新生チェコ空軍の教官をつとめ、1991年5月30日に亡くなった。

ロベール・ウィリアム
Robert Williame

1911年2月24日、サンマルタン・レ・ブローニュ生まれのロベール・ウィリアムは11歳のとき、第一次大戦のフランスの偉大なエース、ギヌメールやフォンクの逸話に大きな刺激を受けた。学校ではおとなしい生徒だったが成績は優秀で、1930年、サン・シール士官学校に入学した。1933年には操縦免状を取得、高等飛行訓練課程を終えたのち、1934年にSPA3（GCI/2）に配属された。「シゴーニュ（コウノトリ）」の愛称で知られる、ギヌメールがもと所属していた部隊の後裔である。1年後、ウィリアムはパラシュート降下の教員資格を取得するという、当時としては変わった道筋を踏んだ。有言実行ぶりを認められ、1938年9月には大尉に進級。1939年9月の開戦時、GCI/2はMS.406を装備して、ボーヴェーに駐屯していた。「まやかしの戦争」の退屈さに耐えかねていたウィリアムだったが、1940年2月13日、彼が病気で寝ているとき、基地の上を1機のDo17が飛んでゆき、彼を大いに口惜しがらせた。

これをまもなく戦闘が起こる前兆と見て、部隊の士気はたちまち高揚した。2月22日の出撃では多少の対空砲火を浴びたものの成果はなく、ついで3月7日、ウィリアムとその部隊はサヴェルヌ付近でDo17 1機と交戦した。彼の風

防は敵機の滑油で覆われたが、部隊には「不確実」撃墜1機が認められたに過ぎなかった。「まやかしの戦争」の現実離れした雰囲気は、このころまだ続いていて、4月20日の奇妙な作戦飛行はその一例だった。ウィリアムは約30機のBf109に遭遇し、国境まで追尾したが、どちらも一弾も発射しなかった。「理解不能だ！」と彼はのちに書いている。

　5月10日、猛烈な勢いで戦闘が再開されたとき、ウィリアムと戦友たちはまだ、自分たちの時代遅れになったMS.406が、じきにD.520に交換されるだろうと期待していた。5月20日、彼と8人の戦友はBf109の大編隊に出くわした。ウィリアム機は敵2機の十字砲火に挟まれて孔だらけになったが、奇跡的に彼は無傷で済んだ。6月5日、ウィリアムはJu88 2機を、うち1機は130km近くも追跡したあげくに撃ち落とし、復讐を遂げた。

　6月8日、GCI/2と、同行のD.520 9機、ブロック152 9機はボーヴェー付近で、Bf109とBf110に護衛されたドイツ爆撃機編隊を迎え撃った。乗機MS.406の低性能にもかかわらず、ウィリアムはBf109 3機を15秒で撃ち落とした。この日、彼はさらに3機のJu87をも撃墜、スコアを公認8機、不確実1機とし、結局、これが最後の勝利となった。

　休戦の発表はGCI/2の操縦士たちを困惑させた。乗機を燃やしてしまおうという者から、イギリスに脱出しよう、あるいは地中海を越えてアフリカに行こうという者まで、さまざまだった。ウィリアムは他の多くの人々同様、イギリスにはほとんど好感を抱いていなかったらしい。とはいえ地中海をMS.406で横断するのは危険すぎると思われ、結局、彼は動かなかった。日をおかず部隊はニームに移り、そこで解隊された。だが1940年10月26日、新設のGCⅢ/9の司令に就任して間もないロベール・ウィリアムは、サロン・ド・プロヴァンスに向けて訓練飛行に飛び立ったきり、行方不明となった。

付録
appendices

■1. フランス空軍エース一覧

これはフランス空軍戦史部(Service Historique de l'Armée de l'Air)の編纂によるフランス・エースの公式リストである。姓に続くカッコ内は戦時仮名、もしくはフランス以外の国籍を示す。

氏名	撃墜	撃墜不確実	氏名	撃墜	撃墜不確実
ピエール・クロステルマン	33	5	アンドレ・ルグラン	9	1
マルセル・アルベール	23	2	ジェレミー・ブレッシュー	9	0
ジャン・ドモゼー(モルレー)	21	2	ヴェンツェスラス・ツクル(チェコ)	9	0
ピエール・ル・グローン	18	3	ピエール・マトラス	9	0
ジャック・アンドレ	16	4	イヴ・ムーリエ	9	0
ルイ・デルフィノ	16	4	ジャン=マリー・レイ	9	0
エドモン・マラン・ラメレー	16	4	ミシェル・ブーディエ	8	4
ローラン・ド・ラ・ポワプ	16	2	アンドレ・モワネ	8	4
ロジェ・ソヴァージュ	16	1	ジョルジュ・テスロー	8	4
ミシェル・ドランス	14	4	ジャン・ドゥーディ	8	3
アルベール・リトルフ	14	4	イヴ・カルボン	8	2
ピエール・ロリヨン	14	4	ロジェ・デュヴァル	8	2
カミーユ・プリュボー	14	4	フランソワ・ヴァルニエ	8	2
レオン・キュフォー	13	4	モーリス・アマルジェ	8	1
ピエール・ボワロ	13	1	ルネ・シャル	8	1
ジョルジュ・ルマール	13	0	アンリ・フーコー	8	1
ロベール・マルキ	13	0	ガブリエル・メルチザン	8	1
ロベール・マルタン	13	0	マルセル・パルニエール	8	1
ジャン・アカール	12	4	ジョルジュ・ピソット	8	1
アロイス・ヴァサトコ(チェコ)	12	2	ロベール・ウィリアム	8	1
ジョルジュ・ブランク	12	1	アントワーヌ・モレ	8	0
ジョルジュ・ルフォル	12	1	ロベール・トロン	8	0
エドゥアール・ルニジェン	12	1	ピエール・ドシャネ	7	2
ミシェル・マドン	11	4	エドガール・ガニエール	7	2
ジョゼフ・リッソ	11	4	フランソワ・ド・ジョッフル・ド・シャブリニャック	7	2
レオン・ヴィユマン	11	4			
マルセル・ルフェーヴル	11	3	マリー・ユベール・モンレッス	7	2
フランティシェク・ペリナ(チェコ)	11	2	ルイ・マリー	7	2
ジョルジュ・ヴァランタン	11	2	ジャン・ポーラン	7	2
モーリス・タラン	11	1	ピエール・ブレトン	7	1
マルセル・ルーケット	10	6	マルク・シャラス	7	1
ガブリエル・ゴーティエ	10	2	ベルナール・デュベリエ	7	1
フランソワ・モレル	10	2	ジョルジュ・エルムランジェ	7	1
ロベール・カスタン	10	1	エドモン・ギヨーム	7	1
モーリス・シャル	10	1	ロベール・ユーヴェ	7	1
アルベール・デュラン	10	1	アントワーヌ・ド・ラ・シャペル	7	1
ジョルジュ・バティゼ	9	4	エミール・ルブランス	7	1
ジェームズ・ドニ	9	4	ラウール・ルビエール	7	1
ルネ・マルタン	9	3	エドゥアール・サレス	7	1
ドミニク・ペンジーニ	9	2	ロジェ・テイエ	7	1
ロベール・グービ	9	1	ディディエ・ベガン	7	0

氏名	撃墜	撃墜不確実
ジャン・カスノーブ	7	0
ノエル・カステラン	7	0
シャルル・シェネ	7	0
ジャン・ジルー	7	0
レジス・ギュー	7	0
マルセル・エブラール	7	0
ロベール・イリバルヌ	7	0
ピエール・モンテ(マルテル)	7	0
ジャック・ド・プイビュスク	7	0
レオン・リシャール	7	0
トマーシュ・ヴィビラル(チェコ)	7	0
ジャック・アンドリュー	6	4
ジェラール・ムゼリ	6	4
ピエール・ブヤード	6	3
ジェルマン・クートー	6	2
アンリ・ユゴー	6	2
ピエール・ヴィラセック	6	2
モーリス・ボン	6	1
シャルル・ミケル	6	1
ヨゼフ・シュテフリク(チェコ)	6	1
ピエール・ドルシ	6	0
クレベール・ドゥブレ	6	0
ジャン・ウルタン	6	0
ジュール・ジョワル	6	0
ジャン・マンソー	6	0
ルネ・ポミエ・レラルグ	6	0
エミール・ティエリ	6	0
ジャック・ランブラン	5	4
モーリス・ロメ	5	4
アンリ・グリモー	5	3
マルセル・コデ	5	3

氏名	撃墜	撃墜不確実
アンドレ・ドニオ	5	2
ルネ・ルバン	5	2
ポール・アブリュー	5	1
マルセル・ブーガン	5	1
ジョルジュ・ギャルド	5	1
ヴァツワフ・クルール(ポーランド)	5	1
マルタン・ロイ	5	1
エウゲニュッシュ・ノヴァキエヴィッチュ(ポーランド)	5	1
レオン・ウグロフ	5	1
ルネ・パンアール	5	1
ドニ・ポンタンス	5	1
アンリ・ラフェンヌ	5	1
ガエル・タビュレ	5	1
ピエール・ヴィレ	5	1
エミール・ベケ	5	0
ユベール・ボワテル	5	0
アンリ・ディエトリッシュ	5	0
ジョルジュ・アンリ	5	0
ジャン・オトリエ	5	0
ピエール・ロレス(ケナール)	5	0
ルイ・パパン・ラバゾルディエール	5	0
アルベール・プティジャン=ロジェ	5	0
アンリ・ブランシャール	5	0
ルネ・ロジェ	5	0
マリー・サジェ	5	0
ロジェ・ソーソル	5	0
ロベール・スタルク	5	0
マルセル・ストゥヌー	5	0

■2. 使用機と装備品

　1939年から1940年にかけ、フランス空軍戦闘機大隊に主力として装備されていたのは、ブロック151/152シリーズ、モラヌ=ソルニエMS.406、ドヴォアチヌD.520、それにアメリカ製カーチス・ホーク75の4機種のどれかひとつだった。ほかにアルスナルVG.33とコードロンC.714(どちらも木製構造)も就役したが、機数はごく少なかった。またブロック155は、初めて前線に登場したのが1940年6月[敗戦の月]だった。

　前線部隊で使われた主力4機種のうち、MS.406はイギリス空軍のハリケーンとよく似た鋼管組胴体に羽布張りで、近代的なモノコック構造のD.520に比べ、半世代も昔の設計思想の産物だった。ブロック152は貧弱なエンジンと短い航続力のせいで、期待されたその大火力を生かせなかった。「フランスの戦い」で最もよく働いたのはホークである。火力は大きくなく、速力も比較的遅かったが、すぐれた運動性のおかげでBf109Eにも負けなかった。10機以上のスコアをあげたエースの乗機が、ほとんどホークだったことは記憶に価する。

　とはいえ、これら3機種の性能は、ドイツ軍爆撃機にやっとのことで追いつけた程度のもので、護衛のメッサーシュミットに対しては言わずもがなのありさまだった。フランス戦闘機のなかで最も優れていたのは疑いなくD.520で、火力、速力、運動性をすべて兼ね備えていた。幸いにしてD.520で戦闘に出ることができた操縦士たちはすぐに、この機体ならどのドイツ機にも対抗できることを発見し、何人かの操縦士は劇的なスコアをあげた。当時のドイツ空軍の有力なエース、ヴェルナー・メルダースを撃ち落としたのもD.520の操縦士である。フランスの不幸は、D.520の生産ラインがようやく軌道に乗り始めたところで、休戦になってしまったことだった。

　どちらかといえば平凡な性能の飛行機で、大多数のフランス戦闘機操縦士たちが戦わなくてはならなかったことの

ほかにも、もっと目立たぬところで、彼らの足を引っ張った要素がある。そのひとつは奇妙なバーユ・ルメールOPL RX.39射撃照準器（その形から「ランタン」のあだ名があった）で、イギリスの、またドイツの反射式照準器に比べて劣っていた。さらに重大な欠陥は、フランス戦闘機の風防には防弾ガラスが取り付けてなかったことだった。防弾ガラスさえあれば、もっと長く戦えたはずの操縦士のほんの一例がジャン・アカールである。3番目には、せっかく絶好の射撃位置につけても、機体に「パンチ」力が欠けていたことだ。ブロックもモラヌも機関砲を備えていたが、わりあい発射速度が遅く、一方、初期のホークの武装は機銃4挺に過ぎなかった。D.520は機関砲は1門ながら機銃も4挺をも

ち、さらにこれらをよく生かせる性能を備えていた。

1940年の平均的なイギリス空軍、もしくはドイツ空軍の戦闘機操縦士と比べると、フランス操縦士の一目でわかる特徴は装備品でがんじがらめなことだった。かさばる飛行服のほかにも、硬い革製のヘルメット（「ボンブ（爆弾）」と呼ばれていた）、毛糸の帽子、酸素調整器など、すべてがコクピット内の動きの邪魔になり、わけても不可欠な肩越しに振り返る動作を妨げた。

余談だが、フランス機のスロットルの操作は他のほとんどの国々のそれと反対に、レバーを手前に引くとパワーが増す仕組みだった。このことは連合軍用の新型機への転換訓練の際、多くの事故を引き起こすもとになった。

機種名	最大速度	実用上昇限度	全備重量	火力	
ブロック152	515km/h	10000m	2682kg	2×20mm	2×7.5mm
カーチス75A-3	500km/h	10000m	2603kg	6×7.5mm	
ドヴォアチヌD.520	535km/h	10250 m	2679 kg	1×20mm	4×7.5mm
モラヌ=ソルニエMS.406	490km/h	10000 m	2547kg	1×20mm	2×7.5mm
ハリケーン I	510km/h	10980m	2575kg	8×7.7mm	
スピットファイア I	568km/h	10580m	2744kg	8×7.7mm	
Bf109E-3	560km/h	10500 m	2667kg	2×20 mm	2×7.9 mm

■3.組織と戦術

平時には、第一線のフランス戦闘機部隊は Escadre（連隊）に組織され、またそれぞれの Escadre は各2個の Groupe（大隊）からなっていた。各 Groupe は25機から30機の飛行機をもち、2個の Escadrille（飛行隊）に分割されていた。Escadrille の定数は12機で、当時のイギリス空軍の Squadron（飛行隊）とほぼ同じ規模だった。戦争が始まると、より弾力的な運用が可能な Groupe が、おもな戦闘単位となった。

部隊は、たとえばGCII/5というように略号で識別された。この例では「Groupe de Chasse（戦闘機）No.2、5 Escadre」を表している。ひとつの Escadre 内の Escadrille は順送りに番号がつけられた。すなわち、GCI/5には第1・第2 Escadrille があり、GCII/5には第3・第4、GCIII/5には第5・第6の、それぞれ Escadrille がある。またそれぞれの Escadrille は普通、その前身である第一次大戦当時の部隊名ももっていた。たとえば、GCI/2の第1 Escadrille はSPA3としても知られ、第一次大戦のエース、ギヌメールが描いていたのと同じコウノトリが隊のエンブレムだった。

1940年5～6月にかけての絶望的な戦況のなか、一時しのぎにいくつかの部隊が編成されて局地防衛にあたり、「煙突部隊」とあだ名された。これらは正式にはECD、すなわち Escadrille de Chasse de Défence（防衛戦闘飛行隊）

と命名され、飛行機5、6機をもっていた。さらにECN（Escadrille de Chasse de Nuit）がもうひとつの戦闘機部隊のカテゴリーであり、すなわち夜間戦闘飛行隊だった。

戦闘機操縦士の戦術的任務は、わりあい厳密に規定されていた。戦闘区域での飛行機の護衛、地上目標の護衛、敵の「遠征部隊」（原文通り）の撃滅——すなわち迎撃である。友軍地上部隊との協力は、イギリス空軍の場合と同様、貧弱なものだった。ドイツ軍の大きな強みのひとつは空陸連合しての攻撃で、1940年にはそれが大成功を収めて見せたのである。

空中では、基本的な戦闘単位はイギリス空軍[初期の]の場合と同じく飛行機3機で、これを「patrouille simple」と呼んだ[サンプルとは「単一の」の意]。従って編隊は3機単位で編成され、たとえば9機編隊なら「patrouille triple」となった。ドイツ人たちはずっと以前から、戦闘機の戦いでは2機一組が最も有効なことに気づいていて、イギリス空軍も結局はこの隊形を採用した。だがフランス人たちは1940年の教訓を学ばなかったらしく、「トーチ」作戦の際に彼らと戦ったアメリカ軍は「連中の戦術は第一次大戦時代のものだった」と批評した。フランス人操縦士たちも、イギリス空軍に加わってからは連合軍操縦士たちと同じテクニックを用いている。

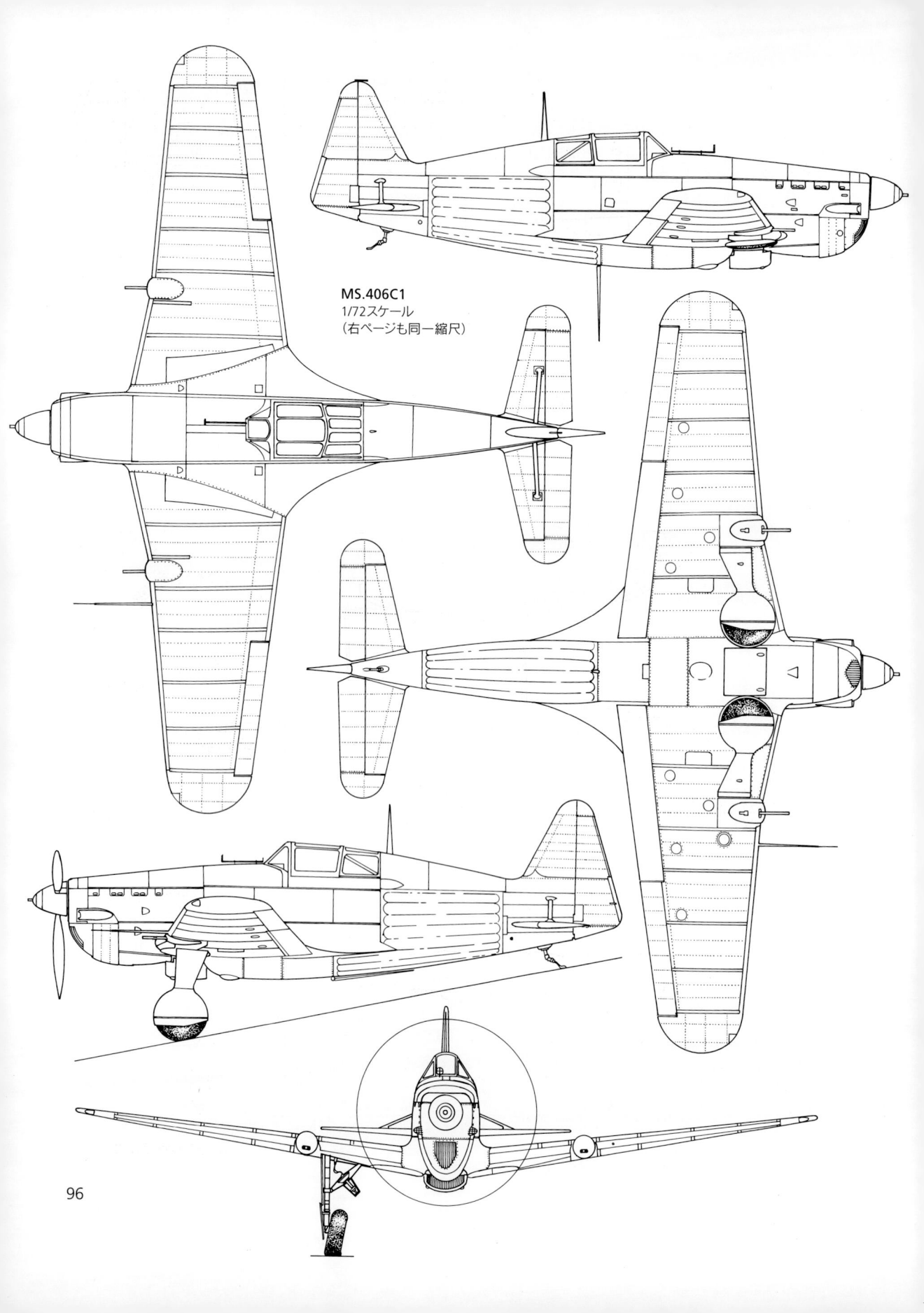

MS.406C1
1/72スケール
(右ページも同一縮尺)

コールホーフェンFK.58

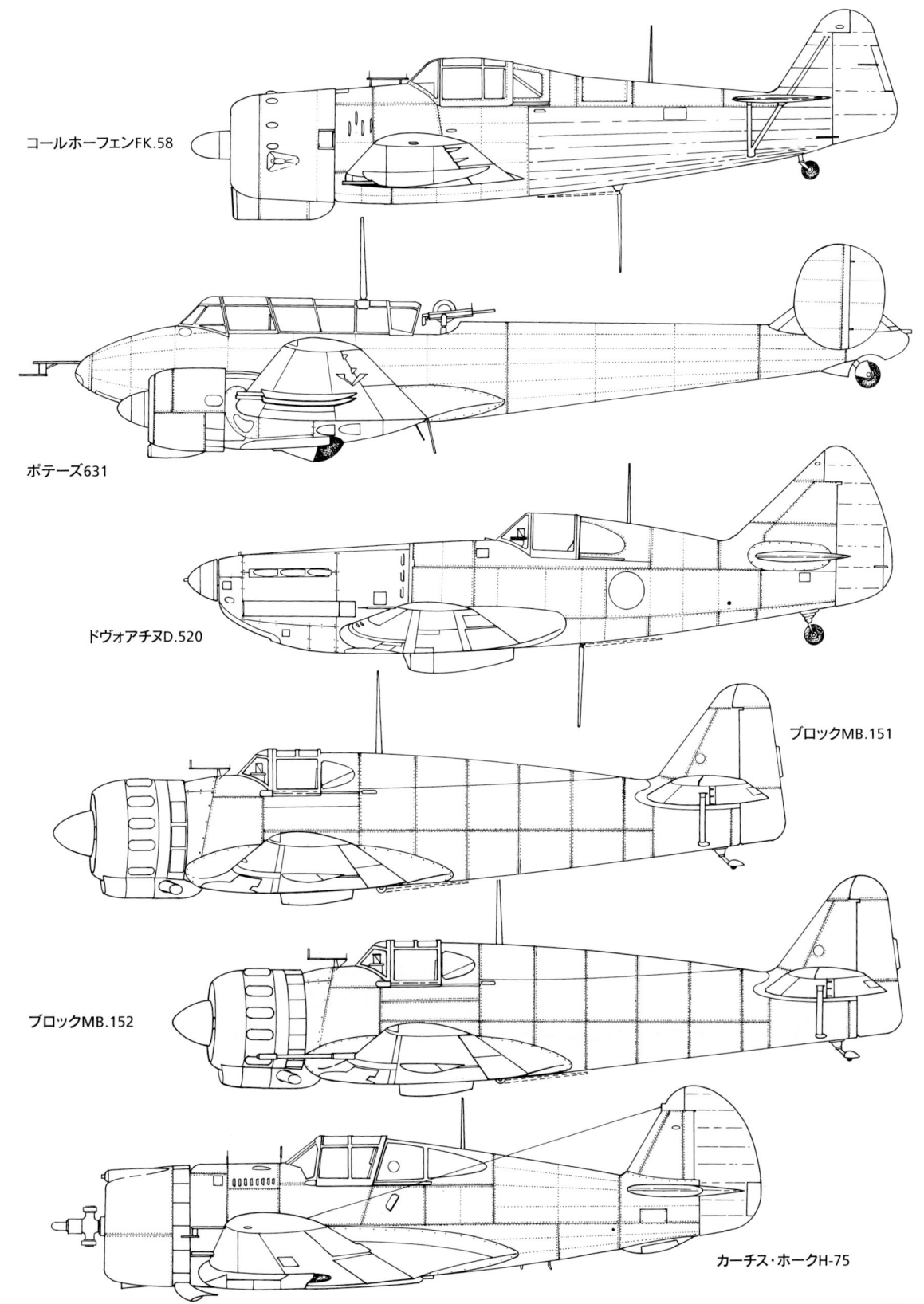

ポテーズ631

ドヴォアチヌD.520

ブロックMB.151

ブロックMB.152

カーチス・ホークH-75

97

カラー塗装図　解説
colour plates

1
ホーク75A-2　「1」　s/n 151　1940年初期　スイップ
GCI/5　ジャン・アカール大尉
この機体の主翼下面には軍登録番号「U-151」が書かれている。垂直安定板の数字「1」は飛行隊長の乗機を示す。1940年6月1日、アカールが戦傷を負った際に搭乗していたのが、たぶん本機だったと思われる。

2
ホーク75A-3　「2」　s/n 217　「フランスの戦い」
GCI/5　エドモン・マラン・ラメレー
軍登録番号は200機目を引き渡したあとは書かれない。このホークは機胴にSPA67のマークを描いている。s/n217は「フランスの戦い」から生き残り、1941年にはモロッコに渡って、機胴にヴィシー軍の仮マークである白のストライプを塗装した。

3
ホーク75A-1　「9」　s/n 99　1940年春　フランス
GCI/4　ジョルジュ・ルマール軍曹
S/n 99は当時の標準的なマーキングが施され、SPA153のマークを機胴に描いている。垂直安定板フィレットの付け根のストライプは乗員の階級を示すマーク。主翼上面の「蛇の目」[この図では見えない]は直径30cmの小さなものであることに注意。

4
ホーク75A-3　「黄色の67」　s/n 267　1941年
モロッコ(たぶんラバト)
GCI/5　カミーユ・ブリュボー
カミーユ・ブリュボーの個人用機であるこのホークは、標準的なグリーン/グレイ/ブラウンの迷彩に塗装されている。機胴にはブリュボーがかつて所属していたGCⅢ/4(SPA155)のマーク「プティ・プーセ」が黄色で描いてある。1942年半ばまでには、生き残ったヴィシー軍ホークの多くは、単純なグレイとブラウンの迷彩に塗り直された。

5
ホーク75A-3　「9」　s/n 295　1941年9月　ダカール=ウーカム
GCI/4 第1飛行隊　ジョルジュ・ルマール軍曹
この図では見えない位置だが、数字入りの黒丸はエンジンカウリング前端下面にも描かれている。迷彩は典型的な1940年式のもので、たぶん間違いなくグレイの部分をサンドに塗り替えていると思われるが、現時点で入手できる写真からは、そうとまではまだ断定できない。

6
MS.406C-1　「6」　s/n 163(軍登録番号N-483)
1939年5月　シャルトル
GCⅢ/6 第5飛行隊　ピエール・ル・グローン准尉
ル・グローン准尉は「6」という数字が気に入っていたらしく、その後も彼の使用機すべてに同じ数字を描いていた。この機体は特徴あるブロンザヴィア排気管を装備していることから、空軍に引き渡されたMS.406のなかでも初期型である。1942年11月、本機はイタリア軍に押収された。

7
MS.406C-1　「27」　s/n 772(軍登録番号L-801)
1940年5月　プレッシ=ベルヴィル
GCⅢ/1 第2飛行隊　クレベール・ドゥブレ准尉
ドゥブレは1940年5月26日、敵3機[Bf109×2、Fi156×1]を撃墜、それ以前のスコア2機と合わせてエースとなった。SPA93のアヒルのマークが、機胴と垂直安定板の2カ所に描かれていることに注目。

8
MS.406C-1　「Ⅲ」　s/n 948(軍登録番号L-979)
1940年5月10日　ノラン=フォンテー
GCⅢ/1 第1飛行隊　ヴワディスワフ・グニッシ少尉
グニッシはポーランド空軍で2機のスコア(うち1機はポーランド空軍の対独戦初撃墜)をあげたのち、GCⅢ/1に加わり、1940年5月12日にはHe111を1機、同16日にはDo17を2機、それぞれ協同撃墜して、エースとなった。市松模様のポーランド国籍標識が描かれている。フランスでポーランド人部隊が使用した機体は、ローマ数字を識別用に使っていたらしい。

9
MS.406C-1　「2」　s/n 846(軍登録番号L-875)
1940年6月8日　ロゼ=アン=ブリ
GCⅢ/1 第1飛行隊　エドガール・ガニエール准尉
SPA84のキツネの顔を機胴に描いたこのMS.406で、ガニエール准尉は6月8日、彼の公認6機目のスコアとなるJu87を1機、協同で撃墜した[2日後にもう1機のスコアをあげたのち戦死]。垂直安定板の白い横棒の意味は不詳。

10
MS.406C-1　s/n 819(軍登録番号L-848)
1940年12月　シリア　ラヤク
GCI/7 第2飛行隊　ジャン・テュラーヌ
ジャン・テュラーヌがヴィシー支配下のシリアからパレスチナに脱出した際に搭乗したのが、この機体だった。機胴に描かれたSPA82のマークと、垂直安定板のアラビア語の数字「1」に注目。

11
MS.406C-1　s/n 819　1941年10月　シリア　ラヤク
自由フランス空軍GCI「アルザス」　ジェームズ・ドニ
上と同じs/n819だが、それから1年足らずのちの状態。機胴の「蛇の目」が「ロレーヌの十字」に塗り替えられ、尾翼も大部分塗装しなおされている。本機にはイギリス空軍のシリアルAX864が公式に与えられていたが、それが機体に書かれたことは恐らく一度もなかった。この時期、本機が第1飛行隊長ジェームズ・ドニの乗機であったことは、ほとんど疑いない。

12
MS.406C-1　s/n 307(軍登録番号N-819)
1942年　仏領インドシナ　トンキン
2/595飛行隊　ピエール・ブヤード大尉
赤い尾翼は、東南アジアの日本軍占領地域で行動するヴィシー・フランス空軍機特有の「中立」をあらわす標識。コクピットの前には2/595飛行隊の黒ヒョウのマークが描かれている。

13
ブロック152C-1 「71」 s/n 648 1940年6月
GCII/9 第4飛行隊 ルイ・デルフィノ大尉
この図でほぼ間違いないと思われるが、資料によっては本機の胴の数字が何番だったかについて、食い違いが見られる。垂直安定板に描かれた飛行隊マークはデルフィノ自身がデザインしたもの。

14
ブロック152C-1 s/n 231（軍登録番号Y-718）
1940年中ごろ フランス
GCI/8 マリウス・アンブロージ少佐
アンブロージ少佐は第一次大戦で15機のスコアをあげたエースで、機胴を斜めに巻いた三色の細い帯はその地位を示すもの。少佐は「フランスの戦い」でDo17を1機撃墜している。垂直安定板のマークはディズニーの「7人の小人」のひとり、「ドーピー」。

15
ブロック152C-1 s/n 153 1940年中ごろ フランス
GCI/8 ロベール・トロン
本機の迷彩は、実戦に出たブロックのほとんどに使われたと思われる無味乾燥で典型的なものである。トロンはその全スコア8機をすべて1940年の戦いであげ、戦争の残りの期間は山岳スポーツの訓練学校の教師として過ごし、一方、レジスタンスとも緊密に協力した。1948年、スキー中の事故で死亡。

16
D.520 「2」 s/n 90 1941年 北アフリカ オラン
GCI/3 ミシェル・マドン軍曹
マドンはGCI/3で1940年6月16日までに7機のスコアをあげ、D.520による最初のエースのひとりとなった。彼がつぎにドヴォアチヌで戦果をあげたのは「トーチ」上陸作戦の際で、1942年11月8日、たぶん3機のC-47と、1機のシーハリケーンを撃墜している。この図はその戦闘の約12カ月前のもので、SPA88の特徴あるヘビのマークが描かれている。

17
D.520 「6」 s/n 277 1940年6月 フランス
GCIII/6 ピエール・ル・グローン
1940年6月15日、ル・グローンはこの機体でイタリア軍のCR.42戦闘機4機とBR.20爆撃機1機を撃墜する偉功をたてた。s/n277はそのあと1年以上もル・グローンによく仕え、さらに10機のスコアを彼に与えたのち、シリアで不時着して登録抹消となった。

18
D.520 「6」 s/n 266 1940年6月5日 フランス
GCII/7 ルネ・ポミエ・レラルグ少尉
1940年6月5日、レラルグ少尉は本機s/n266により、当時ドイツ空軍でも第一級のエース、ヴェルナー・メルダースを撃墜した。残念なことに、レラルグは自分が誰を打ち負かしたのか知るまもなく、わずか数分後、III./JG53の他のBf109により、炎となって撃墜され戦死してしまう。「蛇の目」の後方の黒ヒョウのマークはSPA78のもの。

19
D.520 「6」 s/n 277 1941年 シリア
GCIII/6 ピエール・ル・グローン
ル・グローンが一日にイタリア機5機を撃墜したときと同じ機体だが、これは1941年、シリア戦線でヴィシー・フランス軍機にひろく使われた、尾部の黄色い塗装に改めたのちの姿。エースの搭乗機であることを示す斜めの三色帯が数字「6」にかかっていることにも注目。S/n277はイタリア機相手に勝利を収めてから正確に1年後、イギリス空軍「X」小隊のグラジエーター複数機と交戦、ル・グローンは敵1機を撃墜したが、弾丸を使い果たしたのち多数被弾し、ラヤクに不時着した。操縦士は無事だったものの、機体は登録を抹消された。

20
D.520 「6」 s/n 300 1942年春 アルジェリア
GCIII/6 第5飛行隊 ピエール・ル・グローン
この機体には、仏独休戦ののちヴィシー機に義務づけられた赤と黄色の中立標識（「奴隷の自由」のしるしといわれていた）が完全なかたちで施されている。搭乗者がエースであることを示す斜めの三色ストライプが、機胴だけでなく主翼にもあることに注目。

21
D.520 「G.G.」 s/n 347 1942年 チュニジア
GCII/7 ガブリエル・ゴーティエ
ゴーティエは自分のイニシャルを描いたこのD.520を1940年の晩夏から使い続けていた。図はヴィシー塗装に改めてのちの姿だが、機首のストライプの塗りかたが変わっているのが注目される。主翼にはエースの三色ストライプ。コクピット下にはSPA73のコウノトリが見える。

22
D.520 「V」 s/n 136 1942年春 チュニジア シディ・アーメド
GCII/7 第3飛行隊 ジョルジュ・ヴァランタン少尉
S/n347と同じ時期にGCII/7で使われていた、もう少し古いこのD.520にも、搭乗者であるスコア11機のエース、ヴァランタンの頭文字「V」とSPA73のコウノトリ、それに通常より幅広いエース・ストライプが両翼に描かれていた。

23
D.520 s/n 397 1942年10月 ラヤク
自由フランス空軍GCIII「ノルマンディ」 アルベール・リトルフ
この機体は部隊がロシアに移動する11月11日より前に、整備員たちが廃機から再生させたもので、アルベール・リトルフが何回かこれで飛行した。図の色彩は白黒写真からの推定で、全面が、フランス機の標準的な下面色とたぶん同じ、明るいグレイブルーに塗られていると思われる。

24
D.520 「G.G.」 s/n 347 1941年夏 チュニジア
GCII/7 ガブリエル・ゴーティエ
図版21と同一機だが、時期的にもっと以前のもので、ヴィシー軍機を示す赤／黄のストライプが付いたこと、またSPA73のコウノトリ・マークの位置変更（垂直安定板からコクピット下へ）を除けば、機胴の長い白のストライプを含め、1940年当時のままの塗装である。

25
ポテーズ631 No.164（軍登録番号X-933）
1940年夏 フランス ECN IV/13 ピエール・ブヤード
この夜間戦闘機の機首に見えるマークは、第一次大戦にまでさかのぼる歴史をもつC46のもの。機胴に描かれた長い白帯はもともと「フランスの戦い」中、敵のBf110と区別するために採用されたものだったが、そのまま矢尻を描き加えてヴィシー・マーキングに転用された。

26
スピットファイアMkVB　BM324　1942年8月19日
ホーンチャーチ
GCIV/2「イル・ド・フランス」(第340飛行隊)
ベルナール・デュペリエ少佐

このデュペリエ少佐乗機には、ディエップ上陸作戦に参加した飛行隊のための特別なマーキングが施されている[機首の白いストライプは、ディエップ作戦とは無関係かも知れぬとする説もある。本シリーズ第10巻「第二次大戦のポーランド人戦闘機エース」52頁を参照]。迷彩は当時のイギリス空軍の標準的なもので、ほかに自由フランス空軍の「ロレーヌの十字」と、デュペリエの個人マーキングがついている。機首下には小さな「S」の文字がある。本機は1942年初め、新品として第340飛行隊に支給され、第一線で戦ったのち、いくつかの訓練部隊で使われて、第81実戦訓練部隊(OTU)で1945年5月16日、タキシング中に牽引車に衝突して登録抹消となった。

27
F-5Aライトニング　s/n未詳[推定では42-13080]
1944年春　コルシカ島　バスティア
GRII/33 第1飛行隊　アントワーヌ・ド・サン=テグジュペリ

高名な作家であり飛行家であったアントワーヌ・ド・サン=テグジュペリは本機により、コルシカ島から南フランス上空へ、孤独な長距離写真偵察飛行を数回にわたり行った。この部隊の使用機の塗色についてはいくつかの説があるが、ここでは上面は退色の進んだ標準塗色のオリーヴドラブ、下面はヘイズの上塗りとした。機体右側面は、スピナは暗い単色塗装、機首には「Jeanne」の文字(筆記体)と、X字形に組み合わせたパイプの絵が描かれていた。カメラ窓の下には、航空カメラの形をした小さな出撃マーク(三色で斜めに塗り分け)が見える。

28
テンペストMkV　NV994　1945年4月　ホプステン(B.112)
第3飛行隊　ピエール・H・クロステルマン大尉

1945年4月15日に第3飛行隊に引き渡されたNV994は、JF-Eの識別記号を与えられ、「A」小隊長ピエール・クロステルマン大尉がよく使用した。4月20日には本機により、一度の出撃でFw190を2機撃墜している。同年7月1日、NV994は「カテゴリーB」[整備部隊か工場送り]を宣告され(原因は不詳)、ラングレーのホーカー社で修理を受けた。その後、アストン・ダウンの第20整備所に保管され、1950年4月、ホーカー社に戻されてTT5(標的曳航機)に改造された。1952年4月にシルト武器訓練基地の所管となり、「D」の記号をつけて1954年10月まで使われた。ついでふたたび第20整備所で保管されたあと、最後には1955年7月、製造会社(ホーカー社)に売却された。

[クロステルマンは本機のほかに、少なくとも4機のテンペストを使用した。なお、フランス空軍戦史部のエース・リスト(巻末付録1)では、クロステルマンのスコアを33機とし、第1位にランクしているが、これは協同撃墜はもとより、地上撃破をも含めた操縦士自身の申告をそのまま認めたものらしい。イギリスの戦史家C・ショアーズ氏の調査によれば、イギリス空軍の戦果認定方式によるクロステルマンの確実な個人撃墜は11機(解釈によっては5機の追加も可能)となり、同18機のジャン・ドモゼーを下回る]

29
ハリケーンMkI(Trop)　Z4797　1942年5月　西部砂漠　フカ
自由フランス空軍GCI「アルザス」　ジャン・テュラーヌ
(アルベール・リトルフも使用した可能性がある)

イギリス空軍の標準型熱帯地用迷彩に自由フランス軍のロレーヌ十字、それにスピナを三色で塗り分けたZ4797は、第80飛行隊からGCIに渡された機体で、やがてふたたびイギリス空軍に戻って第26対空協力隊で使用され、1944年2月1日に登録抹消となった。

30
ハリケーンMkII(Trop)　「S」　シリアル不詳　1944年　モロッコ
メクネス戦闘機学校(推定)　カミーユ・プリュボー中尉

古い機体で、かなり塗装が傷んだ上を塗り直した結果、シリアルが消えてしまっている。垂直安定板のマークは未確認だが、たぶんプリュボーが1944年2月から11月まで校長を務めたメクネス戦闘機学校のものと思われる。

31
Yak-1　「44」　1943年4月　ロシア　イヴァノヴォ
GCIII「ノルマンディ」　マルセル・アルベール

「44」はマルセル・アルベールの通常の乗機で、ソ連空軍の冬季用臨時迷彩を施され、風防の下に小さなフランスの「蛇の目」を描いている[数字の色を赤とする資料もある]。

32
Yak-1　「11」　1943年5月　ロシア　オリョール
GCIII「ノルマンディ」　アルベール・デュラン

この機体の斑点だらけで色あせた外観[78頁の写真参照]は、冬季用臨時迷彩が部分的に剥げ残っているためと考えられる。現在知られている限りでは、「ノルマンディ」部隊でシャークマウスを描いていたヤクは本機のみである。

33
Yak-9　「14」　1943年10月　ロシア　スラバダ
GCIII「ノルマンディ」　マルセル・ルフェーヴル

本機と同じ機胴の稲妻模様は当時、この部隊の多くのヤク機に描かれていた。「ル・ペール・マグロワール(LE PERE MAGLOIRE＝マグロワール爺さん)」のマークの後ろには11個の撃墜マークが書かれているが、ソ連空軍は決して鉄十字を撃墜マークに使わなかった[通常、赤か白の星だった]。

34
Yak-9　「60」　1944年6月　ロシア　ドゥブロフカ
GCIII「ノルマンディ」　ルネ・シャル

第4「カン」飛行隊長ルネ・シャルの乗機で、かつてフランス時代に彼が所属していたGCIII/7の第6飛行隊マーク「恐れる男」が描かれている。迷彩はこのころから使われ始めた、グレイの入ったもの。

35
Yak-9　「5」　1944年5月　ロシア　トゥーラ
GCIII「ノルマンディ」　ロジェ・ソヴァージュ

グレイの迷彩パターンで仕上げられたこの機体は1944年夏の大部分、ロジェ・ソヴァージュの乗機だった[ソヴァージュはのちにYak-3に改変してからも数字「5」を機体に描いていた]。

36
Yak-9　「黄色の35」　1943～44年の冬　ロシア　トゥーラ
GCIII「ノルマンディ」　ジャック・アンドレ

機体識別番号は白文字が普通だったが、これは黄色で書かれている。アンドレは東部戦線におけるフランスのトップ・エースのひとりで、ソ連英雄金星章受章者でもある。

37
Yak-3　「1」　1944年12月～1945年1月17日　東プロイセン

GCⅢ「ノルマンディ・ニエメン」第1飛行隊「ルーアン」
ルネ・シャルル
この戦域の他のフランス人エースたちと同じく、シャルもドイツ機撃墜マークとして鉄十字[バルケンクロイツ]を使用した。だがロシア人の戦友たちは、鉄十字は自軍機を冒瀆するものとして使わなかった。

38
Yak-3 「6」 1944年遅く 東プロイセン
GCⅢ「ノルマンディ・ニエメン」 マルセル・アルベール
このYak-3は「ノルマンディ・ニエメン」最高のエースの乗機として長期間、度重なる戦火をくぐり抜けてきたにもかかわらず、驚いたことに、ただの一度も敵弾を浴びたことがない。22個の撃墜マークが描かれている。

39
FK.58 「11」 s/n 11 1940年6月 休戦直後
リヨン=ブロンまたはモンペリエの戦闘機学校で使用された機体
FK.58は量産の発注がなされたものの、当時のヨーロッパの航空機産業界が混乱していたあおりを受けて、ごく少数ずつしか引き渡されず、結局はほとんど実戦に使われなかった。本機の最大の貢献はたぶん、休戦当時このオランダ製戦闘機で訓練を受けていたポーランド人操縦士たちに、やがて彼らの何人かがイギリス空軍で飛ばすことになる、より近代的な機体のための予習の機会を提供したことにある。

■カバー裏
MS.406 s/n 1019（軍登録番号L-609）
1939年10月 フランス アルマン・パンサール将軍乗用機
この機体は胴体上面を黒く塗装し、「海賊」の愛称があった。SPA26のマークが見える。パンサールは第一次大戦で27機のスコアをあげたエースで、第二次大戦では第21戦闘航空団を指揮したが、1940年6月6日、爆撃で片脚を失った。

乗員の軍装　解説
figure plates

1
GCI/5　エドモン・マラン・ラメレー少尉
1939年遅くの姿で、「ルイーズ・ブルー」のフランス空軍制服に替えズボンをつけ、乗馬用長靴を履いている。右胸ポケットの上の操縦徽章に注意。そのさらに上の刺繍された翼はマラン・ラメレーの特技マーク。

2
GCⅢ/6　ピエール・ル・グローン少尉
1941年5月、シリアへの移動途中、アテネ=エレウシスでの夏服姿。階級章付きの白いシャツに黒のタイ、明るいカーキの半ズボン、白の長靴下に黒靴を履いている。白の日除け付きの空軍制帽には、少尉の階級を示す金色帯が1本巻かれている。

3
GCⅢ「ノルマンディ・ニエメン」第三代司令
ピエール・プヤード少佐
1943～1944年、ロシアでの姿。紺色のフランス空軍制帽、イギリス空軍用のシープスキン製アーヴィン飛行服、ソ連空軍のカーキ色ズボン、黒のブーツを身につけている。

4
GCI/5のチェコ人エース　アロイス・ヴァサトコ大尉
「フランスの戦い」中の姿で、フランス軍制服を着ているが、帽子バンドのチェコ空軍バッジがその出身を示す。丈の短い黒のレザー・ジャケットは戦前、戦中を通じてフランスの飛行士たちに愛用されたもの。

5
GCⅢ/2　ジョルジュ・ピソット少尉
1939～1940年にかけての冬の戦闘機操縦士用飛行服。硬くて扱いにくい革製飛行ヘルメットを着用している。図では示されていないが、いざ飛ぶ際にはこのほかに、胸の真ん中あたりに大きな酸素調整器を付けたり、無線機器用のたくさんの接続コードが必要だった。

6
GCⅣ/2「イル・ド・フランス」（第340飛行隊）
ベルナール・デュペリエ少佐
1942年5月から1943年1月まで飛行隊長を務めていたときの姿。フランス空軍制服に階級章、DFC（殊勲航空十字章）のリボン、イギリス空軍の翼章、それにフランスの略綬をつけている。仕上げはイギリス空軍1936年式飛行靴と革手袋、それに着用が義務づけられていた「戦闘機型」の絹スカーフである。

■BIBLIOGRAPHY／原書の参考図書
Airdoc, L'Aviation Militaire Française d'Armistice
Avions, Le Morane Saulnier MS406
Brindley, J. F., French Fighters of World War Two
Christienne, C., Histoire de l'Aviation Militaire Française
Cuich, M. N., Guynemer et ses Avions
Cuny, J. & Beauchamp, G., Curtiss Hawk 75
Curtiss Aircraft Co, Notice d'Entretien et de Reparation de l'Avion Curtiss H-75A-4
Danel, R. & Cuny, J., L'Aviation de Chasse Française 1918-1940
Danel, R. & Cuny, J., Le Dewoitine D.520
Decock, J. P., Normandie-Niémen du Yak au Mirage
Editions DTU, Dewoitine D.520
Ehrengardt, C-J, L'Aviation de Vichy au Combat (2 vols)
Facon, P., L'Armée de l'Air dans la Tourmente
Forty, G. & Duncan, J., The Fall of France
Gaujour, R., French Air Force 1940-1944
Halley, J. J., Squadrons of the RAF & Commonwealth 1918-1988
Horne, A., To Lose a Battle. France 1940
IPMS France, Bloch 152
Jackson, R., Airwar over France
Lambert, J. W., Wildcats over Casablanca
Martin, P., Invisibles Vainquers
Morgan, H., Aircraft of the Aces 15 - Soviet Aces of World War 2
Porret, D. & Thevenet, F., Les As de la Guerre 1939-1945 (2 vols)
Potier, D., & Pernet, J., Historique de la Base 113
Roger, F. & P., Combats Aeriens sur La Meuse & La Semoy 10-14 Mai 1940
Salesse, Lt Col, L'Aviation de Chasse Française en 1939-40
Shores, C., & Williams, C., Aces High
Shores, C., Dust Clouds in the Middle East
Shores, C., Fledgling Eagles
Soumille, A., L'Aviation Militaire Française dans la Bataille de France
Van Haute, A., Pictorial History of the French Air Force (2 vols)

定期刊行物
Aero Journal
Avions
Camouflage Air Journal
Fanatique de l'Aviation
IPMS France Journal
Icare
Profiles
Replic

◎著者紹介 | バリー・ケトリー　Barry Ketley

軍事航空の分野で、あまり知られていない側面の発掘を専門とする出版社、HIKOKI PUBLICATIONS を自営し、ハンガリー空軍、ポーランド空軍、イタリア空軍、英空軍ボスコムダウンのテスト機などを主題とした多くの出版物を刊行。執筆活動にも従事し、同社から『Luftwaffe Fledglings 1935-1945』『Luftwaffe Emblems 1939-1945』（ともに共著）などをものしている。1960年代以来、戦中のフランス空軍の活動を研究している。

◎訳者紹介 | 柄澤英一郎（からさわえいいちろう）

1939年長野県生まれ。早稲田大学政治経済学部卒業。朝日新聞社入社、『週刊朝日』『科学朝日』各編集部員、『世界の翼』編集長、『朝日文庫』編集長などを経て1999年退職、帰農。著書に『日本近代と戦争6　軍事技術の立ち遅れと不均衡』（共著、PHP研究所刊）など、訳書に『編隊飛行』（J・E・ジョンソン著、朝日ソノラマ刊）、『第二次大戦のポーランド人戦闘機エース』『第二次大戦のイタリア空軍エース』（ともに大日本絵画刊）がある。

オスプレイ軍用機シリーズ 23

第二次大戦の
フランス軍戦闘機エース

発行日	2002年7月10日　初版第1刷
著者	バリー・ケトリー
訳者	柄澤英一郎
発行者	小川光二
発行所	株式会社大日本絵画 〒101-0054 東京都千代田区神田錦町1丁目7番地 電話：03-3294-7861 http://www.kaiga.co.jp
編集	株式会社アートボックス
装幀・デザイン	関口八重子
印刷/製本	大日本印刷株式会社

©1999 Osprey Publishing Limited
Printed in Japan
ISBN4-499-22786-0　C0076

French Aces of World War 2
Barry Ketley

First published in Great Britain in 1999, by Osprey Publishing Ltd, Elms Court, Chapel Way, Botley, Oxford, OX2 9LP. All rights reserved.
Japanese language translation ©2002 Dainippon Kaiga Co., Ltd.

ACKNOWLEDGEMENTS
I wish to thank the following individuals/organisations for the provision of photographs—
Phil Jarret, Dick Ward, Bruce Robertson, Simon Parry, SHAA and ECPA.